エネルギー代謝から見える生命と宇宙の一体性

―我々は量子エネルギーの流れの中で生きている―

劔　邦夫

Tsurugi Kunio

風詠社

まえがき

　私は40年ほど前に、新設の医科大学に教授として移動しました。それまではタンパク合成関係の研究をしていたのですが、その発展性に限界を感じてしまい、思い切ってエネルギー代謝系の研究に移行しました。

　そして、何年かして、酵母にエネルギー代謝リズムがみられることに気づき、手探りでその研究を始めました。そして、20年ほどの在任中にどうにかそのメカニズムを解析し、結論を出すことが出来ました。

　しかし、当時は遺伝子解析が始まり盛んになったころで、生命はDNAを中心とした遺伝子発現系に依存するものと考えられていました。ですから、エネルギー代謝の論文を書いてもそれを掲載してもらえる科学雑誌を見つけるのが大変で、苦労の連続でした。

　それで、退職後になんとかエネルギー代謝の重要性について本にまとめて発表することにしました。しかし、今度はそれを出してくれる出版社が見つからず、自費出版という形でなんとか出したのです。そのタイトルは『生物とは何か』で、サブタイトルでは「我々はエネルギーの流れの中に生きている」というものでした。

　考えてみると、その根拠となった現象は酵母のエネルギー代謝リズムという、きわめて限定されたものでしたから興味を持たれないのも分からないわけでもありません。しかも、現在にいたるまでも、高等生物を対象としたその分野の研究はまだほとんどありません。

　それでその後、高等生物などの論文や書籍などを読み、それらのエネルギー代謝について学ぶことにしました。すると、エネルギー代謝リズムなどに直接関係するものは見当たりませんでしたが、それに関連する研究報告は沢山あり、また、物理学的な学説や理論もかなりあることが分かりました。

それらを随時まとめて、数回に分けて自費出版してきました。それだけ問題が興味深かった、ということだとご理解ください。そして、今回は、ようやく高等生物のエネルギー代謝と、宇宙の素粒子、量子などの研究や理論報告を直接結びつけ、その一体性を書けたように思います。

　このようにお話しすると、あまりなじみの無い話が多くて難しいと思われるかもしれません。そこで、この本では、

　1）最初にエネルギー代謝系の基本につき説明し、

　2）つぎにエネルギー代謝が各組織の機能にあわせてどのように利用されているか、

　3）糖尿病やがん化などの異常がどのように発生するか、

　4）老化におけるエネルギー代謝の変化や長寿遺伝子の関与などについて説明し、最後に、

　5）宇宙の素粒子の存在様式と我々の身体のエネルギー代謝とのつながりなどについて順次、出来るだけ分かりやすくお話ししていきます。

　我々の命が宇宙の機構や機能と一体性を持つことは、ある意味当然なこととも考えられますから、そんなに奇妙な話と思われずにお読みください。

　最後に、これを書くにお世話になった妻和子始め全ての家族に感謝いたします。

　　　　　　　　　　　　　　　　　　　　　　劔　　邦夫

3

目　次

エネルギー代謝から見える
生命と宇宙の一体性

― 我々は量子エネルギーの流れの中で生きている ―

第1章　生物とエネルギー代謝

◎生物の本質にあるものは

　生物とは何かということについては、これまでに多くの人が研究し議論されてきています。「生物」を広い意味でとらえると、それは生き生きして見えるものを指すわけで、無生物も含めて考えることもできます。では、生き生きして見えるものは、どういう性質のものかということになると少し複雑です。

　例えば、無生物では、いろいろな形に姿を変えて流れる雲や、浜に打ち寄せる波などが生き生きと感じられます。それは「あるリズムをもって持続的に動いている」からだと考えられます。そして大切なのはそのリズムを造るためには、エネルギーもリズムを造るように作られる必要があります。

　実は、この考えは、ノーベル賞科学者イリア・プリゴジンによる「散逸構造理論」によって提唱されたものです。彼の理論によれば、生き生きとして見えるものは、エネルギーを散逸するように消費しながら、二つの構造をフィードバックするように制御しながら、リズミックに繰り返す構造物ということになります。

　例えば、波は水面の隆起と崩壊の繰り返しで生き生きとして見えるのですが、始めは風などのエネルギーで水が立ち上がり、ある程度の大きさになると、波の重さが力となって重力に引かれてくだけます。

　そして今度は、そのくだけた時のエネルギーが次の波を起こす力にな

ります。それによりエネルギーの流れに「フィードバック制御ループ」が形成され、生き生きした波が生まれてきます。

　一方、動物などの生物では、動きそのものにもリズムが見られることもありますが非連続的で、散逸構造には見えません。それは、生物が「個体」を形成しているからで、生きていく上で必須なリズムは体内にあるのです。

　我々の体内のリズムとしては、呼吸、心拍などが重要なものとして自覚されます。これらのリズミックな動きは筋肉やそれを支える神経、血液などによって総合的に作られるものです。

　大事なのは、それらの動きを支えるエネルギー源は食物として体外から取り込むことによって得られます。そして、それを体内で使うにはエネルギー代謝系で量的、質的に利用可能なエネルギーに作り替えることが必要です。

　そして大切なことは、体内でのエネルギー産生がリズミックに行われるということで、そうでなければ散逸構造にはなれません。

　しかし、波のような無生物の作るリズムと生物の体内で行われるエネルギー代謝のリズムになるのか共通点があるとはちょっと考えられません。しかし、そのリズムを造るエネルギー本体は根本的にはほぼ同じものだと言っていいほどよく似ているのです。

　始めに、その共通のエネルギーを種明かししてしまいますと、それは「電子」なのです。電子は電気的にはマイナスにチャージしていて、プラスにチャージしている原子核の周りを取り巻いている、原子の構成成分と考えられています。しかし、電線のなかを流れれば電力になるように、とても活動的なエネルギーをもった粒子です。

　そして、後で詳しく説明しますように、電子は「素粒子」、つまり宇宙で一番小さな粒子の一種で、エネルギーに富んでいて「量子」とも呼

ばれています。

　では始めに、波が立ち上がる時の電子の働きについて考えてみますと、波は水分子がお互いに引き合いながら立ち上がりますが、水は H_2O と書かれるように、水素 2 原子と酸素 1 原子が結合してできています。酸素も水素も小さな原子ですが、後でお話しする酸化や還元反応で活動するなど反応性が高いもので、水はそれらの結合物ということになります。

　では、水分子がお互いどうやって引き合って立ち上がるのかというと、酸素に結合している水素が他の水分子の酸素と引き合うことによります。細かいことは省略してお話しするつもりですが、ここでは興味ある人もいると思いますので一応説明しておきます。

　水素は原子番号が 1 であるように、原子の中では一番小さく、原子核は 1 個の陽子（電荷は ＋ 1）からなり、その周りを 1 個の電子（－ 1）が回っています。電子は粒子状のものと思われますが、実はエネルギーの波になっていて、活性が高い状態になっています。

　詳しいことは最終章で説明しますが、原子核を回っている電子の数はその原子の原子番号と同数で、酸素（原子番号 8）には 8 個の電子が回っています。

　重要なのは、原子核を回る電子の配置数は決まっており、1 周目には 2 個のみで、2 周目以上には 8 個ずつ配置されます。そして、電子がそれだけの数揃っている時は、電子の動きは静かでエネルギーが低い状態になりますが、空きがあるとそれだけ活性は高くなります。

　ですから、酸素の場合は、8 個の原子のうち 2 個は 1 周目で、6 個は 2 周目にあります。そして、その 6 個のうち 2 個は水素原子の電子との結合に関係しますが、4 個はフリーでかなり活性が高いのです。

　ですから、ある水分子のフリーの電子（陰性）と近くの水分子の原子核の陽子（陽性）とが電気的にひきあって、分子同士が結合し易くなっているのです。これは水分子に特徴的なことなのです。

水が凍ると氷になりますが、その高次構造は独特で、ちょうど大きなミツバチの巣のように六角形の部屋がお互い重なり合うように結合し、それが前後左右に広がるようにつながっています。液体の水ではそれほどしっかりした構造はとれませんが、基本的には同じ構造をとるように結合するのです。

　このようにして水分子同士は相互作用して、くっついたり離れたりを繰り返しています。ですから水は風などのエネルギーが働けば、分子同士が引きつけ合いながら盛り上がることが出来るのです。

　このように、無生物のリズムの場合には電子が重要な働きをしているのです。電子は「素粒子」、つまり、もうこれ以上は分解できないという粒子で、光の粒子である光子などと同じ種類のものです。その性質は複雑ですが、この本の最終章で詳しくお話しすることになります。

◎エネルギー代謝における電子の役割

　では、生物のエネルギー代謝のリズム形成では、電子はどのように機能しているのでしょうか。まずは、エネルギー代謝系に電子がどのように関係しているのか考えてみましょう。

　エネルギー代謝系といっても複雑で、いろいろな反応が含まれていますが、その中心は酸化還元反応です。普通、酸化反応はある分子に酸素が結合する反応で、還元反応は水素が分離、離脱する反応と言われています。

　エネルギー代謝の役割はエネルギー産生ですが、その基本的な反応はいうまでもなく酸化反応です。家でもお湯を沸かす時はエネルギー源として火を使いますが、火はガスの炭素が空気中の酸素で酸化されて熱を産生します。

　体内でも同じ原理で、基本的には酸素でブドウ糖などに含まれる炭素を酸化してエネルギーを ATP として作り出しています。

　ところが、次にお話ししますが、好気的エネルギー代謝系の前半にある解糖系では酸素は使われません。それでも酸化反応ができるのは、酸化反応には酸素が結合する反応のほかに、水素原子が奪われる脱水素反応も含まれるからです。

　というのは、酸化反応の本質は電子を失う反応（電子離脱反応）で、酸素が結合する反応も、水素が離脱する反応もこの点では同じなのです。そして、酸化反応の逆反応、つまり、酸素の離脱か水素の結合反応が還元反応で、本質的には電子を取得する反応になります。

　これからお分かりのように、電子の離脱（酸化反応）と結合（還元反応）、つまり、電子のやり取りは二つの分子間で共役して起こりますので、まとめて「酸化還元反応」と呼ばれるのが普通です。つまり、酸化と還元反応は同時に起こり、原理的には電子の移動によるのです。

　このように電子の反応性は高く、電子の転移反応はエネルギー代謝系だけではなく、体内ばかりでなく自然界で起こる化学反応のほとんどすべてがこの方法で行われています。

　エネルギー代謝系でブドウ糖から電子の転移で得られたエネルギーは次に出てきます ATP を介して他の代謝系に与えられて反応を促進します。つまり、作用する分子から電子を放出させて分子を活性化したり、抑制したりしているのです。

　ですから、体内ではすべての反応が電子によって調節され、その中心にあるのがエネルギー代謝系と言ってもよく、そして、その仲介をするのが ATP になります。

◎嫌気的エネルギー代謝──解糖系

　それでは、ここからはエネルギー代謝の機構をお話しすることになります。これらは学校などでもよく勉強されてきていますから、詳しくご存知の方は読み飛ばされて構わないと思います。

　読まれる方は図を見ながら大筋でご理解されるようお願いします。機構の詳しいことまで覚える必要は全くありませんが、水素原子や電子などが酸化還元反応やエネルギー産生にいかに重要な役割としているかに注意しながら読んでいってください。

　エネルギー代謝には解糖系による酸素を使わない嫌気的な代謝系と酸素を使うミトコンドリアを中心とする好気的代謝系があります。これらの反応系は基本的な部分は全生物で共通と言ってよく、このような反応系は他にはありません。それだけ生命現象としては基本的なものになります。

　また、それらの二つの反応系は並列してあるのではなく接続して機能するのです。それは解糖系の出発基質（最初の反応に使われる分子）はブドウ糖（グルコース）で、ミトコンドリアは解糖系の代謝産物であるピルビン酸や乳酸などが出発基質になるからです。

　解糖系は酸素を使わず、水素原子のやりとりで酸化還元反応を行います。解糖系は10段階の酵素反応で行われますが、そのうちの2カ所の反応で酸化還元が行われます。そして、その際得られたエネルギーはATPと略称される化合物で運ばれ、体内の他の化学反応に使われることになります。

　そのエネルギーの運び役として使われるATP（アデノシン三リン酸）は、AMP（アデノシン一リン酸）と呼ばれる有機リン酸化合物のリン

酸基にさらに二つのリン酸基が結合したもので、その２カ所のリン酸結合に非常に高いエネルギーが蓄えられるのです。

　ただ、高エネルギーの二つのリン酸結合のうち、普通の反応では一番外側のものだけが使われて ATP は ADP（アデノシン二リン酸）になります。そして、ADP はエネルギー代謝系からエネルギーをもらってリン酸化されて ATP に返ることになります。

　また、なぜ ATP のリン酸結合のエネルギーが高いのかはまだはっきりとは分かっていないようですが、リン酸結合にある電子の結合様式の変化に伴うものではないかと見られています。やはり電子が関係しているようなのです。

　では、解糖系がどのように行われるか簡単にお話ししますと（図1）、まず、基質であるブドウ糖は、前半で ATP が使われて両端がリン酸化されて活性化されます。ですから前半の反応は準備段階のものになり、ATP の産生は後半で行われます。

　後半では、炭素６個が鎖状に連結するブドウ糖が、真ん中で二分されて炭素３個のカルボン酸になります。そして、その切断された両末端が酸化され、そこに ATP ではなく低エネルギーの無機リン酸が直接１個ずつ結合し、このリン酸基が新たな ATP の産生

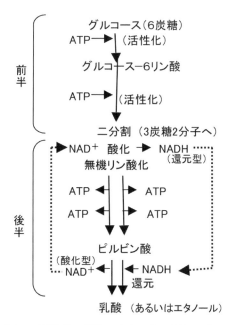

図1　解糖系　説明は本文にある通りです。

に使われることになります。その結果、ピルビン酸が生じ、ミトコンドリアの出発基質になります。また、ミトコンドリアに入る必要がないときは、ピルビン酸は還元されて乳酸になります。ただし、乳酸も必要なときは酸化されてピルビン酸になりミトコンドリアに入ります。

　解糖系のATP産生量はブドウ糖1分子あたり4分子ですが、前半の活性化でATP2分子が使われますから、正味2分子の産生になります。
　このATP産生量は好気的なミトコンドリア系に比べればごく少ないものです。そのかわり、短くてわりと単純な反応系ですから反応が早くなりますし、細胞としてはコントロールしやすく、ブドウ糖が足りない時は逆反応でブドウ糖を新生することも出来ます。

◎解糖系における助酵素NADの役割

　それでは解糖系の酸化還元反応では電子がどのように働いているかというと、「助酵素」と呼ばれる低分子の物質が共役して反応し、重要な働きをしているのです。その助酵素は省略してNAD（ニコチナマイド－2ヌクレオチド）と呼ばれています。
　ブドウ糖は、解糖系後半の最初の反応で二分されて、その末端に無機リン酸でリン酸化をうけますが、そのリン酸化反応の直前に、その両末端が酸化されるのです（図1）。
　その酸化反応を促進するため、助酵素NADが介在し、共役的に還元されます。つまり、助酵素NADは酸化される末端の炭素から電子2個を受け取り還元されます。
　還元型NADはNADHと書かれますが、これは酸化型NAD（NAD$^+$）から2個の電子（正確に言うと、電子1個と水素原子1個）が結合した

形になります。

　そして、後半最後の酸化還元反応では、基質（ピルビン酸）は還元されますが NAD は共役的に酸化され、酸化型 NAD（NAD⁺）になります。

　そして、大切なのはこの解糖系の反応はスムーズに直線的に進むわけではなく、まず前半の反応がある程度進んで、二分割されて酸化された代謝物がある程度溜まってから、後半の反応が始まります。

　つまり、波に例えますと、前半では波が立ち上がってエネルギーを貯める反応になり、後半で波がくだけてエネルギーを放出する反応になります。

　そして、最後の酸化還元反応で還元型 NAD（NADH）が酸化型 NAD（NAD⁺）になります。大事なことは、それが解糖系の後半でブドウ糖が二分化されて酸化する反応を促進することです。これによって基質レベルの酸化還元反応のリズム（フィードバック制御ループ）が形成され、解糖系が促進されるのです。

　この解糖系のリズム形成は、かなり後の 1976 年になってペンシルバニア大学の EK. パイ教授らの研究によって実験的に確かめられています（図 2）。

　その結果、NADH の量的変化から解糖系が約 3 分周期のリズムを作って進行していることが証明されました。そして、ATP 量がこの NADH のリズムと逆相するかたちで増減することが分かりました。つまり、解糖系は基質の酸化還元反応のリズムに乗って ATP が産生されてくるのが確かめられたのです。

　この解糖系リズムは、この後でてきます好気的ミトコンドリアのリズムに比べると、周期はごく短く、反面、振幅速度は早いのが分かります。それは、解糖系リズムに伴って産生されるエネルギー量がごく少なく、

しかし、リズムの反応速度はごく速くなっていることを表しています。

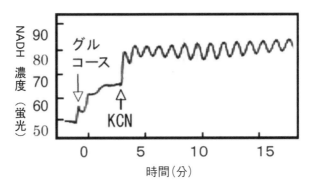

図2　解糖系のリズム形成

　　実験は、飢餓状態にした酵母にグルコースを与えて、
エネルギー代謝のリズムをNADHを測定してみたも
のです。KCNはミトコンドリアの活性を抑制するため。

◎好気的エネルギー代謝──ミトコンドリア系

　一方、好気的に酸素を使ってエネルギー代謝（ATP産生）を行うの
はミトコンドリアですが、複雑に折り畳まれた内膜で酸化還元反応が行
われます（図3）。

　ミトコンドリアの酸化反応の出発基質としては、普通、解糖系の最後
の酸化反応の直前にできるピルビン酸が使われます。

　ミトコンドリアに入ったピルビン酸は、炭素2個のアセチル（酢酸）
基の構造になり、今度はCoAという助酵素で活性化されてアセチル
CoAとしてTCA回路（クレブス回路）に入ります。

　TCA回路ではアセチル基の水素原子がNAD（一部はFAD）助酵素
に結合し、電子伝達系に運ばれます。この反応はTCA回路で2回行わ
れます。

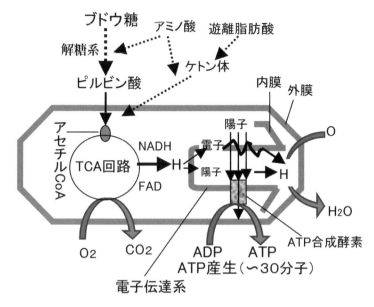

図3　ミトコンドリアにおける好気的エネルギー代謝

　　解糖系から代謝されてきたピルビン酸はアセチル CoA にな
り TCA 回路に入ります。アセチルの炭素は脱炭酸され、助
酵素の結合した水素が電子伝達系に入ります。水素原子の電
子は高エネルギーで内膜で陽子を吸収、それが ATP 産生に
働きます。その後、電子または陽子と結合して水素原子になり、
酸素と結合して水になり排出されます。

　一方、アセチル基の2個の炭素原子は切断され、血液で運ばれてきた
酸素と結合し、二酸化炭素（CO_2）になって外気に排泄されます。

　TCA 回路を出たアセチル基の水素原子は電子伝達系に入る前に、原
子核を形成する陽子（普通、プロトンと呼ばれる）と電子に切り離され
ます。そして、電子のほうは電子伝達系が入っている膜内に放出されて
その電子エネルギーで膜電位を形成し、膜に存在する複数のタンパク複
合体を活性化し、内幕外の陽子（プロトン）を内膜内のスペースに送り

こむように働きます。

　そして活性化が進むと、内幕内に集められた陽子（プロトン）がその圧力（浸透圧）で膜にあるATP合成酵素を通過することによって活性化し、ATP合成が行われます。

　反応後のプロトンと電子は、血液で運ばれてきた酸素と結合して水になります。

　このように好気的エネルギー代謝はブドウ糖が炭酸ガスと水にまで分解される反応で、TCA回路の酸化反応によって放出されるエネルギーの高い電子が陽子を動かしてATP産生を行うのです。

　ですから、ミトコンドリアで働く主力のエネルギーは、解糖系と同様、電子によるものなのです。この電子のエネルギーの落差はとても大きくなるので、ブドウ糖1分子から30個以上のATPを産生でき、逆反応はまったく起きません。

　このようにミトコンドリア系でも電子は重要な働きをしているのですが、怖いのは、なにかの原因で内膜内の電子伝達系などの反応が停滞したり、逆に活性化し過ぎたりすると、電子伝達系にある電子が酸素に結合してスーパーオキシド（O_2^-）という「活性酸素」を作ってしまうことです。

　スーパーオキシドは他の非常に強い活性酸素を作りますから非常に危険なもので、遺伝子や膜などいろいろな分子を酸化して細胞機能を壊す原因にもなるのです。これが好気的生物の一番困るところで、結局は寿命を短くする原因になっているのです（第4章で説明します）。

　また、活性化されたミトコンドリアのエネルギー源となるのはブドウ糖だけではありません。脂肪やアミノ酸なども使われます。ことに脂肪の消費は多く、普通、ブドウ糖の2倍、全体の50〜60％になります。

　脂肪は脂肪組織に中性脂肪として貯留されていますが、そこから分離され遊離脂肪酸となり、アルブミンなどの血中タンパク質に結合して運ばれます。

　遊離脂肪酸は細胞に結合されて吸収されます。そして細胞内で分解され、炭素鎖 4 個ほどのケトン体（アセト酢酸が代表的）となり、水溶性になります。ケトン体はミトコンドリアでアセチル CoA となって利用されます。

　また、アミノ酸は種類によって解糖系の成分やケトン体などに変換されて、ミトコンドリアに吸収され、アセチル CoA になって利用されます。

◎酵母の好気的エネルギー代謝リズム

　それでは、好気的エネルギー代謝リズムがどのように調節されて行われるのかの問題になりますが、その研究モデルとして出芽酵母を使って「継続培養」するという実験系があります。

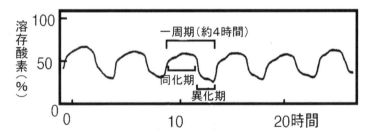

図 4　好気的エネルギー代謝のリズム形成
酵母の持続培養系でのエネルギー代謝のリズム。

　普通行われる細胞培養は、バッチ培養と言われるように、試験管やフラスコ内での培養で、細胞が増えて一杯になったらそれで終わりになり

ます。それが酵母の継続培養ではバイオリアクターと呼ばれる機械を使って培養液や酸素を継続的に送り込むことによって長時間培養できるのです。

　すると、細胞がある濃度まで増えると細胞分裂が同期し、リズム形成するようになります。その周期は４時間くらいのもので培養液中に残っている酸素の濃度をモニターすることで観察します。培養液には空気が一定速度で送り込まれていますから、液中に残っている酸素濃度を測定すれば、細胞がどれくらい酸素を使っているかが分かります。

　つまり、酸素を多く使う周期とあまり使わない周期が２時間おきに交互にやってくるようになるのです。酸素をあまり使わない周期は解糖系が主役の発酵期で、酸素をよく使う周期はミトコンドリア系が主役の呼吸期と呼ばれているものになります。

　なお、細胞周期の二つの周期の呼び名についてはいろいろあって混乱するといけません。それでこの後は、発酵期はエネルギーを使うよりブドウ糖を重合してグリコーゲンを合成して蓄えるのが特徴ですので、エネルギー貯蔵期（または同化期）といい、呼吸期はグリコーゲンを分解してATP産生が盛んになり使われますのでエネルギー消費期（または異化期）と呼ぶことにします。

　我々が、この酵母のエネルギー代謝リズムを分析して分かったことは、酸素の利用の少ない同化期（エネルギー貯蔵期）では、呼吸の抑制因子である還元型NAD（NADH）やATPの細胞内濃度が高くなっていました。これらの分子はミトコンドリアの活性を抑制しますから、吸収されたブドウ糖は主にグリコーゲン合成、つまりエネルギー源の貯蔵に利用されることになります。

　一方、酸素の消費が盛んになる異化期では遺伝子発現やタンパク合成が盛んで、エネルギー（ATP）産生と消費が盛んになります。その

結果、酸化型 NAD（NAD⁺）や ATP は消費されて濃度は低くなり、呼吸が促進されているのです。

　異化期ではエネルギー代謝が上がるので ATP などは増加するのではと考えられますが、遺伝子発現やタンパク合成が盛んになるので、それに ATP が使われてむしろ低下するのです。さらにそれによってミトコンドリアの呼吸も促進されることになります。

　また、二つの細胞周期の調節機構としてもう一つ大切なのは、異化期に入るとサイクリック AMP（cAMP）という分子が合成されてくることです。サイクリック AMP は膜にある合成酵素によって ATP から合成され、異化期に活動する多くの酵素類の発現をすすめるなど広範な活性をもっています。このサイクリック AMP の産生は細胞内の電子密度が低下して酸性化（pH 6 くらいに低下）するからだと考えられています。

　なお付け加えますと、動物ではサイクリック AMP はグルカゴンという異化反応を促進するホルモンが細胞に働いて作られてきますが、それは後でお話しします。

　このように、エネルギー貯蔵期（同化期）から消費期（異化期）への切り替わりでは、細胞質内の ATP や還元型 NAD（NADH）などの高エネルギー物質の濃度低下とサイクリック AMP の合成が重要なメカニズムになります。

◎酵母のエネルギー代謝における好気的解糖

　我々が研究に使っていた酵母の好気的エネルギー代謝リズムは安定なものですが、注入する培養液のブドウ糖が 0.8 〜 1.5％ の間でないと現れません。ブドウ糖濃度が低い場合は、エネルギー不足で、酵母が十分

に増えられないためであることは分かりますが、なぜか1.5％以上になるとリズムが消えてしまうのです。

　高ブドウ糖濃度の培養にすると、エネルギー代謝リズムは消えて、解糖系だけが亢進してアルコール発酵が始まるのです。そして、細胞密度も大きく低下してしまいます。

　その理由は、前にお話しましたように、解糖系の最初のブドウ糖のリン酸化反応は、基質であるブドウ糖によって促進されますが、ATPが細胞内に多くなると抑制されます。ですから、細胞内のブドウ糖濃度が非常に高いときはATPによる抑制が出来ず、ブドウ糖がどんどん解糖系に入って進み、解糖系だけ進んでしまい、ミトコンドリアを活性化することが出来なくなります。そのため、解糖系はミトコンドリアとのフィードバック制御ループが出来なくなり、異常に亢進してアルコールがたまってしまうのです。

　この状態が「好気的解糖」と呼ばれるもので、酸素は十分あってもブドウ糖が必要以上に多くなると、解糖系によるアルコール発酵が異常に亢進して止まらなくなるのです。この高ブドウ糖による好気的解糖は昔から良く知られており、発見者の名前から「クラブトリー効果」と呼ばれています。

　ただ、この好気的解糖の状態でも解糖系でのATP産生は出来ますし、解糖系の反応は短くて早く進みますから、むしろ、ミトコンドリアが働いていた時よりも速やかに細胞増殖します。しかし、リズム形成ができないのと、ATPの産出量が少なくなるため、増殖以外の高度の細胞機能は抑制されてきます。そのため、細胞内のアルコールの濃度が高くなり、その毒性で細胞が障害され、細胞密度はどんどん下がってしまいます。

　これと同じ好気的解糖状態はヒトのような高等生物にも当然ながらお

きますし、多臓器であるだけに複雑です。それには糖尿病、うつ、がんなど重要な疾患が含まれていますから、正常状態でのエネルギー代謝関係のお話が終わってから後の第5章でまとめてお話しすることになります。

◎植物の葉緑体におけるエネルギー代謝

　以上、酵母を中心として、動物における好気的エネルギー代謝を見てきました。そこでは電子が重要な役割を果たしていることが分かりました。ただ、地球上の生物は動物だけでなく植物もありますから、植物でのエネルギー代謝において電子がどのように働いているのかを調べてみたいと思います。

　植物のエネルギー代謝の中心は葉緑体で、ミトコンドリアと似てレンズ状の二重膜でできています。そして、葉緑素を色素として含み、太陽光をエネルギー源としてATP産生や糖質などの合成を行います。

　この葉緑体での反応系は「光合成」と呼ばれ、「明反応」と「暗反応」からなっています。「明反応」は、太陽光に対する反応系で、ミトコンドリアの電子伝達系（図3）の逆反応にあたり、「暗反応」はTCA回路の逆反応にあたります。

　明反応は、葉緑体の内膜で行われ、太陽光に含まれる光子のエネルギーを受容して、吸収した水分子（H_2O）の水素原子から電子とプロトンを分離して、電子が、ミトコンドリアと同様に、プロトンを内膜内へ送り込んで貯留し、その圧力でATP産生します。

　その後、電子とプロトンはNADと同種の助酵素（NADP）に結合して活性化し、NADPHとプロトン（H^+）を形成します。

また、植物は二酸化炭素を吸って酸素を放出すると言われますが、その酸素は二酸化炭素ではなく、水から切り離されたものです。

　結局、この反応はミトコンドリアの電子伝達系の逆反応なのですが、葉緑体では出発エネルギーが太陽光になり、動物のミトコンドリアではその太陽光エネルギーから造られた糖質などが電子伝達系で大量のATPエネルギーとして得られることになります。

　我々は、直接太陽光のエネルギーを使って生きているという意識はありませんが、結局はそれに依存して生きているわけです。

　次の暗反応では、葉緑体のストローマと呼ばれる膜に囲まれた空間で行われ、明反応で作られたATPや活性化助酵素（NADPH＋プロトン）の働きで、6個の二酸化炭素（CO_2）を結合して、ブドウ糖を合成します。

　ですから、この暗反応は、ミトコンドリアのTCA回路の逆反応に相当するものです。ただ、植物で違うのは、動物ではブドウ糖はまず解糖系で二分されてピルビン酸になってTCA回路に入りますが、植物では暗反応で一気にブドウ糖が合成されています。

　その違いは、植物では炭水化物（糖質）が脂質や蛋白質より圧倒的に多い（普通80％くらい）からだと考えられます。動物では、タンパク質や脂質が多く、エネルギー代謝で利用するために、解糖系が独立してエネルギー代謝リズムが成立し、これらの物質のミトコンドリアでの利用が容易になるからだと考えられます。

　植物は動いたり、考えたりという機能を持ちませんから、ブドウ糖以外の栄養素はあまり必要ないのです。しかし、植物におけるブドウ糖の合成や酸素の空気中への産出がなければ、我々動物も生まれてくることはできなかったわけです。

　重要なのは、植物は太陽光のエネルギーを利用して電子エネルギーを

生じ、それを利用して生産されたブドウ糖やタンパク質などが植物を形成します。我々はそれを食べて消化し、エネルギー代謝系で ATP 産生して生命を維持することになるのです。

第2章 体内リズム
——概日時計とエネルギー代謝リズム

◎酵母の時計遺伝子 GTS 1

　前章では、主に酵母のエネルギー代謝リズムについてお話ししましたが、残念ながら生体リズムとして研究者に認められているわけではありません。今はかなり多くの時計遺伝子群による概日時計（体内時計）がリズム形成しているという説が主流で、酵母でも概日時計があるはずだと信じられています。

　実は、我々も最初はその可能性も考えて酵母の時計遺伝子の検索を行ったのです。我々が酵母の研究を始めたころ（約40年前）、マウスからクロック（Clock）やピリオド（Period）という時計遺伝子が発見されて大注目を浴びていました。それで、酵母にも同じような時計遺伝子があるのではないかと考え、その検索を始めたのです。

　それで我々はマウスのピリオドと呼ばれた時計タンパク質がもっているスレオニンというアミノ酸に富んだ特徴的な配列に注目し、それと似た構造をもつタンパク質の遺伝子を見つけ、GTS 1（ジーティーエスワン）と名付けて発表しました。

　ところが、その遺伝子解析に間違いがあり、その特徴的な配列はスレオニンではなくグルタミンが多いことが分かりました。そして驚くことに、そのアミノ酸配列はもう一つの主要時計遺伝子クロックのものと類似したものだったのです。

　そんなことから、GTS 1 が時計遺伝子かどうか怪しくなりましたが、

GTS 1 遺伝子を切除した酵母をつくって調べたところ、普通のバッチ培養では細胞分裂が次第に遅れて小さくなり、消えてしまうことが分かりました。そして、持続培養ではエネルギー代謝リズムが一日足らずで消えてしまい、GTS 1 が時計遺伝子としての機能をもっているらしいことが分かったのです。

そして、GTS 1 タンパク質はいろいろな機能に関係しているのが認められましたが、構造的に遺伝子の発現（転写反応）に関係するタンパク質に似ていたことと、トレハロースの合成酵素（Tps 1）や熱ショックタンパク質などの遺伝子発現に関係していることから、遺伝子発現（転写）の制御因子として働いていると考えられました。

なお、トレハロースというのは蔗糖（砂糖の主成分）に似た二糖類で、グリコーゲンとおなじ貯蔵糖類で、ヒトではほとんどありませんが酵母などでは多く見られる糖類です。

持続培養でエネルギー代謝リズムを行っている酵母では、同化期（エネルギー貯蔵期）に入るとグリコーゲンやトレハロース合成が行われます。

同化期に貯蔵糖類が合成されるのは、エネルギー消費が上がる異化期に向けてエネルギーを貯蔵するほかに、細胞中のブドウ糖濃度を低く抑えることによって好気的解糖になりにくい状態にしていると考えられました。

そこで、GTS 1 の機能をしらべるため、GTS 1 遺伝子を切除した酵母を持続培養してみると、同化期でのグリコーゲンやトレハロースの合成が大幅に減少してしまいました。そのため、ミトコンドリアの活性が低下し、エネルギー代謝リズムが消失してくるのです。

つまり、持続培養ではブドウ糖が一定速度で入ってきますから、グリコーゲンやトレハロースの合成は GTS 1 が機能しないことによって減少してきます。その結果、細胞内にブドウ糖が単糖のまま溜まってきて

好気的解糖の状態になってしまいます。そのため、好気的エネルギー代謝リズム（短周期リズム）が消えてしまうのです。

　その証拠に、培養をそのまま持続すると、細胞密度はうすくなり、解糖系の最終産物であるエタノールが発生し、部屋いっぱいにアルコール臭がただよってきます。

　このように、短周期リズムの酵母でも、高等生物の主要時計遺伝子クロックと特徴の似た構造と機能を持つGTS１タンパク質という時計遺伝子に類するものを持っているのです。しかし、それは酵母のエネルギー代謝リズムそのものに関係しているのではなく、エネルギー代謝に関係するタンパク質の合成に関係していることが分かったのです。

◎ほ乳類の概日リズム

　以上、酵母の生体リズムについて見てきましたが、それでは我々人間のように、昼夜を単位とする生物の体内リズムについて考えてみましょう。

　現在、これらの生物では遺伝子の研究が盛んな事もあり、生物リズムについても、時計遺伝子でできた「概日時計」と言われる体内時計に従って生命が支えられていると考えられています。

　ですから、4時間周期で生きている酵母を使った研究から、体内リズムはエネルギー代謝リズムで支えられているなどという我々の論文は「妄想の産物」と言われても仕方ないことでした。酵母を持続培養するとエネルギー代謝リズムが現れることは早くから知られていたのですが、それは酵母に特殊な現象と軽く見なされていたのです。

　一方、高等生物の概日時計は時計遺伝子から作られた時計タンパク質がほぼ 24 時間の周期をつくってまわり、朝の光によってリセットされて 24 時間の昼夜サイクルと同調すると考えられています。

　ですから昼夜サイクルのない暗い部屋（恒暗条件）では時間は正確ではなく、マウスのような夜行性生物では約 23 時間、ヒトのような昼行性生物では約 25 時間になっています。

　しかし、両者の間には時間の違いはあっても、概日時計の機構に違いはなく、昼行性動物では夜が開けてから起きればいいので概日時計は 24 時間より少し長く、夜行性動物では夜が明ける前に眠らなければいけないので、24 時間より短い方がいいと考えられます。

　つまり、概日時計は動物の都合の良いようにコントロールされているもので、自分自身で正確に動ける時計ではないのです。

　概日時計で働くのは時計遺伝子から作られる時計タンパク質ですが、少しでも関係しているものを加えると百種以上になります。その中でも概日時計に重要なものは、クロックやピリオドなど初期に見つかったものです。

　最近は、これらの主要時計タンパク質はいずれも遺伝子の発現に関係する主要「転写因子」か、その転写調節に関係する「転写制御（促進あるいは抑制）因子」で、多くの遺伝子発現に関係しているタンパク質である事が分かってきました。つまり、時計タンパクは概日時計に特異的に働くものではないのです。

　では概日時計がどのように作られていると考えられているかというと、促進因子となる二つの時計遺伝子クロック（Clock）とビーマルワン（BMAL1）が異化期に入ったところ（ヒトでは夕方）で作られて活動を始め、同化期に入る前（朝方）に抑制因子となる二つの時計遺伝子

ピリオド（Period）とクライ（CRY）を発現させます。そして、その複合体が促進因子のクロックとビーマルワン複合体の抑制をするというものです。

　こう聞くと、フィードバック制御ループが形成されているようですが、そうではありません。それが完成するには、クロックなどで一度抑制されたピリオドなどが異化期に入ったところでクロック、ビーマルワンを活性化しなければなりません。

　波に例えると、崩れた波のエネルギーが次の波を作る力になりますが、概日時計遺伝子ピリオドなどにはその証明がまだないのです。いろいろと研究されているはずですが、それはないようなのです。

　生物では、異化期に入るところでは同化期で得られた餌を分解してエネルギーが産生され、代謝が促進されます。ですから、グルカゴンなどの異化ホルモンやサイクリックＡＭＰなどが働いて多くの遺伝子の発現が活発に始まりますから、多くの遺伝子の転写因子である時計遺伝子の活性化も同時に始まるのです。

　ですから、概日時計は異化期／同化期のリズム形成に伴って受動的に行われるのです。ですから、概日時計そのものがリズム形成を行っているのではないのです。

◎一日の長さを知る時計タンパク質

　ただ、概日時計に体内リズムを動かす機能はないと言っても、酵母で見られるエネルギー代謝リズムは数時間と短いものですから、それを24時間にコントロールしていく機能がなければ困ります。

　事実、われわれは昼夜リズムのない恒暗条件でも概日リズムで動くことができますが、視交叉上核の概日時計機構を切除するとリズムがまっ

たく無くなります。

　ただ、これは余談だと思って聞いて欲しいのですが、概日リズムの無くなった実験動物のデータを見ますと、中には4時間周期で運動しているものも見受けられるのです。ただそれを指摘する人はいません。

　それはともかくとして、恒暗条件では視交叉上核に概日時計がないと概日リズムが消えるということは、その中に一日の長さを知って脳内のいろいろな機能を時間的に調節している、と考えられる遺伝子があることが分かります。それは時計タンパク質としてはあまり注目されていませんが、クリプトクロムというタンパク質なのです。

　クリプトクロムはもともと植物の色素タンパク質として知られていたもので、FADと呼ばれるNADに似た補酵素を持っていて青色光に反応するタンパク質です。植物では太陽光によって活性化し、植物の成長、芽や花の形成、生育などに関与しているものです。

　一方、動物のクリプトクロムは構造的には植物のものとよく似ていますが、機能的にはまったく異なり、光、とくに青色で活性化して自分で自分を分解する性質を持っています。

　動物では、クリプトクロムは朝に遺伝子が読まれてタンパク合成され、タイムレスという時計タンパク質と結合します。そのため、昼の光を浴びても分解しなくなります。そして夜になって光が消えるとクリプトクロムはタイムレスと離れて、こんどはピリオドと結合するようになります。

　そして、このクリプトクロム＋ピリオド複合体が核内に移行して、色々な遺伝子の転写活性を抑制します。そして、明け方になると細胞質内に出て光をうけて分解されます。

　クリプトクロムは明け方の核内で合成されたわけですから、クリプトクロムはちょうど一日の寿命を持っていることになります。このようにちょうど一日の寿命を持つ時計遺伝子は他にはなく、クリプトクロムが

概日時計機構の中で一日の長さを規定している分子であることが分かってきました。

　また、クリプトクロムは夕方に細胞質から核内に移行しますから、半日の長さも知っている可能性があります。ですから、恒暗条件でも、視交叉上核の概日時計があれば、覚醒／睡眠リズムの切り替えが出来るのは、このクリプトクロムが関係している可能性があります。これについては次節でまたお話しいたします。

　問題はクリプトクロムがどうして概日時間を認識できるのかということですが、その点はまだはっきりしていません。しかし、クリプトクロムはかなりのリン酸化を受けていることが分かり、今、そのリン酸化に関わる酵素や調節機構についての研究が、日本の理化学研究所などの世界中の研究機関で盛んに行われているようです。

　また、クリプトクロムは最初に見つかったショウジョウバエでは一種類だけでしたが、すべての昆虫でそういうわけではありません。蝶、カ、ハチなど３ミリ以下しかないショウジョウバエより大型の昆虫では、光で分解されるクリプトクロムは脳だけにあり、他の組織では光に感じない「ほ乳類タイプのクリプトクロム」があるということです。

　その違いが何からくるのかは不明ですが、どうも実験で使われるキイロショウジョウバエは特に体が小さいので光が体の中まで浸透し、日光によって全クリプトクロムが直接に調節されてしまうからだと考えられます。

　また、ほ乳類タイプのクリプトクロムは光（青色光）を受けて活性化することはありません。それでは何によって活性化するのかというと磁気によるのです。それは、昆虫類は眼にまぶたはありませんから明暗の変化を直接に受けることが出来ますが、ほ乳類などではまぶたがあり、また夜は睡眠しますから、光を昼夜リズムのシグナルにはできないからだと考えられます。

　地球上の磁気には地球自身のもつ地磁気がありますが、太陽から光とともに太陽風に乗って強力な磁気が降っています。そして地球の地磁気や大気にぶつかって、地球を回り込むように流れてゆきます。ですから地球上では、太陽光と同様、昼夜の磁気の流れにもはっきりした周日リズムがあります。

　また、ほ乳類のクリプトクロムも全身の細胞で朝に発現し、ピリオドと結合して機能しますが、全ての種類が磁気を感じるものではありません。磁気を感じると分かっているのは網膜にあるものだけで、視交叉上核のものについてははっきりしていないようです。

　このようにまだ分からないところもありますが、このようなクリプトクロムの機能によって、朝がくれば特に光を感じなくとも、磁気の変化で覚醒することができます。その刺激は網膜のクリプトクロムから視交叉上核をへて、脳内の覚醒に関係する神経核を刺激するものと考えられます。

　また、ヒトでも昼夜リズムさえあれば視交叉上核がなくとも概日リズムが崩れることはありません。昼夜リズムに合わせて食事をとり、代謝リズムを崩さなければ大丈夫で、クリプトクロムによる覚醒機能は、何かの原因で昼夜リズムがなくなったときのバックアップシステムなのです。

　それでは、クリプトクロムは昼夜に合わせた睡眠／覚醒のリズムをどのようにバックアップしているのでしょうか。次にその点について考えることにします。

◎昼夜サイクルと概日リズムの関連性

　概日リズムは昼夜の明暗リズムにカップルして睡眠と覚醒が行われま

すが、それにはいろいろな分子がバックアップ的に働いていることが分かっています。

　始めに注目されたのは睡眠開始に働くメカニズムです。それは睡眠を促進するために働く睡眠物質が次々に見つかったからです。現在までに30種類以上が報告されていますが、そのほとんどは脳内で作られる活性物質（局所ホルモン）です。

　その睡眠物質の中で、最も良く知られているのはメラトニンです。これは概日時計の中枢とみられていた視交叉上核からの刺激で松果体から分泌されるとみられる局所ホルモンです。

　しかし、メラトニンは脈拍、血圧、緊張を下げて眠りやすくする効果はありますが、直接、睡眠中枢に働くのではありません。その証拠に、視交叉上核や松果体を手術で、あるいは遺伝子操作で働かなくしても、夜になれば睡眠は正常に行われます。

　メラトニンの次に有力視されているのがアデノシンで、これはATPの分解物です。脳では神経細胞間での情報伝達がおわると、それに使われたATPが神経伝達物質とともに細胞外に分泌され、アデノシンにまで分解されるのです。

　そのため、ATPが多く使われる覚醒期ではアデノシンの産出が増え、睡眠期に入る前に最高値になり、眠気を促進してきます。ただし、アデノシンも睡眠中枢を直接刺激するのではなく、覚醒中枢からの神経群の興奮を抑え、間接的に睡眠を促進しているといわれます。

　ですから、マウスで、アデノシンの受容体を遺伝子操作で働かないようにして、神経細胞への吸収を抑えても、睡眠は正常に行われるということです。

　このように、睡眠に入るためにはいろいろな睡眠物質が働いているのは確かです。これらの分泌のメカニズムについてはまだよく分かってい

ませんが、前節にお話ししましたように、視交叉上核の概日時計ではたらくクリプトクロムが関係している可能性が大きいのです。

　しかし、視交叉上核を摘出しても、昼夜の24時間リズムがあれば覚醒／睡眠リズムは正常に行われますから、リズム形成のメカニズムは食事を中心とするエネルギー代謝の変化にあり、クリプトクロムなどの睡眠物質の作用は補助的なものと考えられます。

　それではエネルギー代謝がどのように働くのかというと、覚醒期が終わり睡眠に入るころには、すでに十分の食餌がえられ、仕事も終われば満足感がえられ、脳内の神経系も交感神経も抑制されてきます。その結果、覚醒中枢が抑制され、自然と睡眠中枢が活性化され、眠くなってくると考えられます。

　それは、睡眠を促進する睡眠中枢は、覚醒中枢と同じ視床下部にあり、相互に抑制し合うことによって、覚醒と睡眠の中枢が同時に活動して混乱しないようになっているのです。

　そうだとすると、睡眠から覚醒するときの方が重要になるように思われてきますが、どうでしょうか。覚醒に働く局所ホルモンとしてはオレキシン（別名、ヒポクレチン）が注目されています。

　オレキシンは視床下部にある扁桃体（または扁桃核）という神経核から分泌されます。視床下部というのは左右の大脳半球の基底部で大脳辺縁系（図4参照）にあり、比較的せまい領域です。扁桃体は後でお話しする情動反応の中枢で、何か不安を与える刺激に対して衝動的に反応するという生命保護に重要な中枢です（辺縁系や情動反応については次章で説明します）。

　ですから、この情動反応は、異化期で餌がエネルギーに使われた後、同化期に入るにあたり、空腹感にともなう餌を探すことへの不安、あせりが原因で起こる反応です。実際に、ネズミなどでは覚醒時に不安行動

（摂食予備行動）が見られます。

　人でこのオレキシン遺伝子が変異して働かなくなると、昼間でも突然眠ってしまうという仮眠症になります。つまり、覚醒状態を維持できなくなるのです。しかし、必ずしも朝の覚醒に異常がでるということではないようです。

　ですから、オレキシンだけが覚醒反応を取り仕切っているということではないのです。他にも、ノルアドレナリン、セロトニン、アセチルコリンなどの局所ホルモン（全身的ではなく組織内で働くホルモン）や神経伝達物質が覚醒反応に働いているのではないかという報告もあります。

　結局、睡眠にしろ、覚醒にしろ、ある因子が特異的に働いて起こるということではないのです。これらの因子が作用するきっかけとなるのはクリプトクロムというよりは、主に血糖値の変化であることは明らかです。活動期（同化期）にエネルギーが十分獲得できれば睡眠に入り、睡眠中（異化期）にエネルギーを使い切れば覚醒に入るということです。ですから、まだはっきりしないと言っても、これらの反応系の調節の根本にあるのはエネルギー代謝系であることは確かです。

　このように、覚醒／睡眠の概日リズムも食餌を中心とするエネルギー代謝の調節を受けて、脳で調節されていることが分かります。それだけエネルギー代謝は我々の体で重要な働きをしているのです。

◎ほ乳類のエネルギー代謝リズム

　ほ乳類のエネルギー代謝についての研究は多いのですが、酵母の４時間周期で見られた $NAD^+/NADH$ 比や ATP の細胞内濃度の日内変化などの研究報告はまったく見当たりません。

　それは、ほ乳類は多細胞生物の最たるものですから、各細胞のエネル

ギー代謝はその組織臓器の機能によって、皆違った調節を受けるはずですから、エネルギー代謝の変化を一律に見るわけにはいきません。

　しかし、概日リズムの研究論文の中には、ほ乳類においてもエネルギー代謝が同化相と異化相の繰り返しからなるリズムをもっていることを示す証拠が多数見いだされるのです。

　先ず大切なのは、ほ乳類の活動／睡眠リズムがエネルギー代謝の同化／異化リズムと平行しているかどうかという問題です。それを直接研究している論文は見つかりませんでしたが、その答えは簡単です。

　活動期や睡眠期に働くホルモンはよく分かっていますから、そこで働くホルモン作用を考えると、二つのリズムが平行して行われていることが分かります。

　つまり、活動期では同化を促進するインスリンが主に肝臓を中心に働き、睡眠期には異化ホルモンの代表であるグルカゴンが働いています。これら代表的な二つのホルモンの一日の働き方を見ると、エネルギー代謝のリズムが見えてきます。

　つまり、活動期（昼行性動物では昼、夜行性動物では夜）にはエサを食べることにより血糖値が上がり、膵臓からインスリンが分泌されてきます。エサの中の糖類は、一部はエネルギー源として使われますが、多くはインスリンの作用で肝臓や骨格筋ではグリコーゲン、脂肪組織では中性脂肪として貯蔵されます。このことから、活動期は同化期にあたることが分かります。

　そして、睡眠期にはグルカゴンなどの異化ホルモンが分泌され、エネルギー代謝が亢進されてきます。すると遺伝子発現やタンパク合成が促進し、新陳代謝が進みます。また、グルカゴンは多くの組織の細胞に働いてサイクリック AMP（cAMP）合成酵素を活性化し、エネルギー代謝を促進します。このことから、睡眠期が異化期になることが分かります。

先に酵母やショウジョウバエの異化期の遺伝子発現反応にサイクリック AMP（cAMP）が重要な働きをしていることを述べましたが、ほ乳類の概日リズムでもやはり大きな役割をしています。異化期で働くホルモンや神経ペプチドの中では、グルカゴン、アドレナリン、オレキシンなどの多くが細胞内二次メッセンジャーとして cAMP が使用されています。

　サイクリック AMP は時計タンパクなどの転写因子が働く多くの遺伝子の転写を促進する機能を持っています。ですから、視交叉上核を切除したり主要時計遺伝子を除去しても、昼夜の明暗条件下なら、エネルギー代謝リズムは正常に行われ、体内リズムが乱れないのです。このように、概日時計と言われている反応系は環境の明暗（昼夜）リズムが乱れた時に働くバックアップシステムなのです。

◎概日リズムと筋肉のエネルギー代謝

　以上のように概日リズムを行っている生物の体内リズムは、昼夜リズムにあわせて行われていることが分かります。つまり、昼に活動して食餌を得てエネルギー源を貯蔵し、夜に遺伝子発現などが活発になってエネルギーを使うということです。

　しかし、ヒトのような昼間活動する生物では、社会生活が昼に行われますから、臓器によってはエネルギー貯蔵期に当たる昼間に活発に活動し、多くのエネルギーを消費することになります。このような臓器としては、運動に関係する筋肉、思考に関係する脳が最も考えられます。

　これらはそれなりにうまくエネルギー代謝してそれを賄っているものと考えられますが、この章では筋肉関係について簡単に述べ、脳につい

ては複雑なので、章をまたいで説明してゆきたいと考えます。

　筋肉は、常に休み無く働いている心筋を除くと、骨格筋が主要なもので、それは白筋と赤筋に分けられます。白筋はミトコンドリアを含まず解糖系だけでエネルギー産生して運動します。一方、赤筋ではミトコンドリアを多く含み酸素を多く使って好気的エネルギー産生をします。

　そのため、赤筋では酸素を蓄えるために、血液の赤血球のヘモグロビンによく似た、ミオグロビンと言う鉄を結合した赤いタンパク質を多く含んでいるのです。

　白筋は全身の骨格筋の表面、皮膚に近いところに分布し、ATP産生は解糖系だけで行われます。そのためにATP産生は速いのですが、ブドウ糖の消費がすさまじく、最終産物の乳酸が溜まりやすいために長時間継続は出来ません。

　ですから、白筋は運動の初期に行われ力は強いのですが、それはそう長続きしません。陸上競技でも100メートル走のような短い運動では、ほとんど白筋によって行われるといわれています。

　一方の赤筋の方は、解糖系が活動してからミトコンドリアの活性化が起こりますから少し時間がかかります。しかし、活性化すれば、ATP産生の速度は落ちますが、長時間安定した運動が出来ます。また、白筋の運動で蓄積した乳酸もこの赤筋に吸収され、ミトコンドリアで使われます。ですから、マラソンのような長時間をかけた運動では赤筋が使われることになります。

　また、これらの筋肉で使われるエネルギー源となる糖質や脂肪は、それぞれグリコーゲン、中性脂肪として貯蔵されています。重要なことは、筋肉のグリコーゲンや脂肪は、肝臓や中性脂肪のものとは違い、血液中に分泌されることはありません。どちらも筋肉のエネルギー源として筋

肉内に蓄えられているのです。

　一方、心臓の筋肉は赤筋ですが心筋と呼ばれ、構造も骨格筋とはすこし異なります。それに、骨格筋と違い常に拍動しなければなりませんから、個体の意志では調節できない不随意筋なのです。

　心筋は、出産前の胎児では解糖系が主力となって働いていますが、生後は解糖系は抑制され、ミトコンドリアが主力となり好気的にATP産生を行っています。そのため、エネルギー代謝リズムはなく、エネルギー源としてはブドウ糖ではなく、脂肪を多く使うことになります。ただ、脂肪の貯蔵は心筋を痛めるため限度があり、血液中から遊離脂肪酸を盛んに吸収することになります。

　遊離脂肪酸というのは、脂肪組織に貯蔵されている中性脂肪から脂肪酸が分離されたものです。遊離脂肪酸は脂溶性ですから、血液中ではアルブミンなどの結合タンパク質に運ばれてながれてきます。心筋はその吸収がさかんで、一般の組織では脂肪の消費はブドウ糖より少し多い程度（50 〜 60％）ですが、心筋では70％くらいになります。

　ですから、解糖系が活発化してリズムを生ずるというようなことは起こらず、安定してエネルギー生産して拍動を続けることが出来ます。

　このように、筋肉ではそれぞれの機能に応じてエネルギーの産生を行っていることが分かります。

◎脳のエネルギー代謝リズムの特殊性

　つぎに、脳のエネルギー代謝と機能の関係ですが、脳の機能は複雑で分かりにくいところもありますので、次章で機能を学習しながら両者の関係を考えていきたいと思います。

　脳のエネルギー代謝を考えようとすると、まず始めに気がつくのは、脳による血液成分の選択的吸収です。脳は固い脳脊髄膜に覆われていて、体内の血液は直接入れません。脳内の毛細血管からは脳に必要な成分だけが選択的に吸収され、脳内に入れるようになっています。それが脳内のエネルギー代謝を考える上で大切なことになります。

　この吸収の制限に関する機構は脳血液関門（Brain-Blood-Barrier。略してBBB）と呼ばれています。BBBで吸収される分子はそれぞれに特有なトランスポーター（輸送体）があり、それぞれに特有な分子を吸収できるようになっています。

　また、脳内に吸収されて利用されるエネルギー源は正常状態ではブドウ糖のみです。BBB（脳血液関門）にあるブドウ糖のトランスポーターは他の臓器でも使用頻度の高いGLUT1で、脳内のブドウ糖濃度は血糖値の60％くらいになっているということです。

　また、血糖値が下がったような時には、脂質の分解成分であるアセト酢酸のような水溶性のケトン体が吸収されます。遊離脂肪酸などは脂溶性が高く、輸送タンパクに結合したものは吸収されません。ですから、血糖値が非常に低くなるとケトン体が脳内でエネルギー源として使われます。

　また、エネルギー代謝関係のホルモンでは同化ホルモンであるインスリンは関門をとおり、脳内で作用します。インスリンは肝臓では同化期でのグリコーゲン合成を刺激していますが、脳では同化期の後半になってから脳内に取り込まれ異化期への移行を促進するような反応をします。

　一方、異化ホルモンでは、内蔵系で主要な働きをしているグルカゴンは脳血液関門を通れません。かわりに、副腎皮質から分泌される糖質コルチコイドが脳での主要な異化ホルモンとして作用しています。

　なお、糖質コルチコイドは、副腎皮質から分泌される糖代謝に関係す

るステロイドホルモンの総称で、代表はコルチゾールと呼ばれるものです。

　糖質コルチコイドの糖代謝に対する作用は多様ですが、重要なのは異化期（ヒトでは夜）に肝臓にはたらいて、脂肪やタンパク質からブドウ糖の産生を促進することです。それによって肝臓のグリコーゲン分解をさけながら血糖値をあげ、夜間での脳のエネルギー源となります。

　脳でブドウ糖の吸収があがるのは異化期に入ったときやストレスなどが強くかかった時で、その刺激で脳下垂体から刺激ホルモンが分泌され副腎皮質から糖質コルチコイドが分泌されてきます。

　以上のように、脳はその機能を守るために硬い脳せき髄膜に覆われて、吸収物質を制限しエネルギー代謝をコントロールしようとしていることが分かります。それではこの後、脳の各部位の機能とそのエネルギー代謝の特殊性について見ていくことにしましょう。

　また、それによって、前章に出てきましたエネルギー代謝や電子（量子）エネルギーの働きについても明らかになってくるものと思います。

第3章　脳のエネルギー代謝と機能

◎脳の構造の概略

　脳は非常にエネルギー消費の高い臓器で、重量は 1.5 キログラムくらいで肝臓とほぼ同じですが、その倍以上のエネルギーを使っています。それは全身のエネルギー消費量の 20 ～ 25％にもなります。

　ヒトでは、脳は昼間の活動期（同化期）には外界からの情報や刺激に反応して働きます。そして、夜間は睡眠期に入り体は休みますが、脳は昼間の活動期と同じくらいのエネルギーを使って活動しています。

　脳でのエネルギー代謝で使われる分子はブドウ糖ですが、それがどのように代謝されて利用されるかは、脳の各部位でかなり違います。とくに、大脳皮質のエネルギー代謝は「雑念回路」とも訳されるデフォルトモード神経回路（DMN）があるために非常に特殊なものになっています。

　そこで、DMN 回路の位置やそれと連絡する神経系などの話に入ることになりますが、その前に、脳の構造や各部位の役割などについて簡単に説明しておきたいと思います（図 5）。

　脳を構成する細胞は神経細胞（ニューロン）とグリア細胞に分けられます。神経細胞は情報の伝達や記憶の固定に働く細胞で、グリア細胞は神経細胞を組織的に支持し、その機能の補助や栄養補給などの役割をしています。

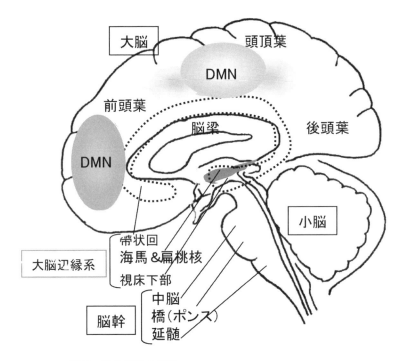

図5　脳の構造の概略
脳を大脳、小脳、脳幹に三つに分けて示しています。
大脳の DMN（こころ回路）は前頭葉と頭頂葉にある
中心的な部位だけ示しています。

　ほ乳類の脳内には、主要なグリア細胞が3種あり、細胞数では神経細
胞の10倍以上存在します。その代表が星状細胞（アストロサイト）で、
大脳皮質でのエネルギー代謝に重要な働きをしています。

　脳は、構造的には大きく脳幹、小脳、大脳に分けられます（図4）。
脳幹は背骨の管（脊柱管）に延びている脊髄の上に位置するもので、そ
の後部に小脳、上部（頭頂部）に大脳が延びています。上部に行くほど
進化した組織になります。

　先ず、脳幹は主に大脳からの神経細胞群が接続し、下部の脊髄に接続しています。そこには間脳、中脳、橋（ポンス）、延髄などの神経核を含んでいて、運動や感覚の神経線維が通って機能しています。

　これら脳幹の神経核には、自律神経、循環、呼吸、内分泌など生命維持に基本的に必要な機能の中枢があります。ですから、機能的には脳幹は基本的な生理機能に関係している組織ということになります。

　次の小脳は、ヒトでは大きさは大脳の 10 分の 1 ですが神経細胞の数は 1000 億以上あり、機能的には、大脳などと共同して随意筋運動の運動機能を統合して平衡を保ったスムーズな行動ができるように調整しています。

　大脳は一番進化の進んでいる脳組織ですが、ヒトでは脳全体の約 8 割を占め、約 140 億の神経細胞が存在します。

　さらに、大脳は進化的に古いほうから、古皮質、旧皮質、新皮質と呼ばれる部分から構成され、ヒトなどの霊長類ではこれら全てが良く発達し、頭部は大きくひろがっています。

　最も古い古皮質は魚類、は虫類（ヘビ、トカゲなど）などから見られ、旧皮質は両生類（カエル、サンショウウオなど）、鳥類などから見られるものです。

　これら旧皮質と古皮質は、大脳半球の内側縁にあり、「大脳辺縁系」と総称されます。そこには情動に関係する扁桃体（扁桃核）や海馬、視床下部、帯状回などがあり、基礎的、本能的な要求、感情などの記憶の形成や実行に関係しています。それらの機能は多分に簡潔で反射的なものになります。

　そして、新皮質は哺乳類などの進化した生物にあり、脳を大きく包むように広がっています。新皮質をもつ生物ではそこで記憶の長期保存、心のこもった意思決定などの重要な機能を果たしています。

また、新皮質にある DMN 回路（別名、雑念回路）は新皮質全体が関係しているようなものなのですが、中心となる部位が前頭葉や頭頂葉などにあります。この DMN 回路は後述しますように「こころ回路」の中心となるものと考えられます。そして、これら新皮質と旧古皮質間では機能の相違に関連してエネルギー代謝にも大きな違いが見られます。

◎脳各部位におけるエネルギー源の吸収

　脳には身体の他の臓器とは大きく異なる機能である精神活動やこころに関係する組織が集まっています。それで、血液からはそれらの機能に必要な成分を選択的に吸収する必要が出てきます。その選択的吸収に関する機構が前章でお話しした脳血液関門（BBB）ですが、その機能は脳の部位によってかなり違いが見られます。

　一番注目すべきは大脳皮質で、神経細胞にはブドウ糖のトランスポーターはありません（全くないとは断定できないようですが）。それではどうやって血糖を吸収するかというと、大脳皮質に血液を運び込む毛細血管は、グリア細胞であるアストロサイトに囲まれていて、ブドウ糖はそこから吸収されます。

　そして、アストロサイト内に吸収されたブドウ糖は解糖系で分解され、ミトコンドリアの基質である乳酸となって神経細胞に送りこまれてゆきます。そして神経細胞は吸収した乳酸を酸化して、ピルビン酸としてミトコンドリアに吸収し、酸化的に分解します。したがって迅速で効率の良いエネルギー（ATP）産生ができるのです。それがほ乳類、ことにヒトでの大脳皮質のエネルギー代謝を高め、デフォルトモード神経回路（DMN）を形成することが可能になるのです。

　一方、大脳皮質からはなれた視床下部や海馬、扁桃体などの大脳辺縁

系の神経細胞では、大脳皮質とは違いアストロサイトは少なく、神経細胞はブドウ糖を直接吸収できるようになっています。

　そのうえ、この部位（大脳辺縁系）の神経細胞は、GLUT1 より高感度で吸収力の高い GLUT3 トランスポーターが機能しています。そのため、この領域の神経細胞は、ブドウ糖を直接、多量に吸収してエネルギー源として使うことが出来ます。そのため、この大脳辺縁系にある神経細胞では解糖系とミトコンドリア系の連携でエネルギー代謝リズムが行われている可能性があります。

　ですから大脳辺縁系の神経核では、大脳皮質のような迅速な反応は出来ませんが、エネルギー代謝リズムを作って、好気的エネルギー代謝で高いエネルギー産生をすることができます。そうすることによって高いエネルギー活性を要する複雑な機能をすることができるわけです。

◎ DMN 回路の機能について

　それでは、最初に大脳の新皮質のエネルギー代謝と機能の関係について見ていくことにします。新皮質の特徴は表面の灰白質（以下、皮質）に神経細胞が集中していることです。皮質の厚さは 1 〜 4 ミリくらいの薄いものですが何層かの大型のピラミッド型の「錐体細胞」と呼ばれる神経細胞が並んでいます。

　ヒトの大脳皮質では、140 億個もの錐体細胞があるといわれ、一つの細胞は何千〜何万という突起（樹状突起という）を出しており、他の神経細胞からのシグナルを受けています。そのシグナルの中には末梢の視覚や聴覚などや、中枢の脳内の細胞からのものが含まれることになります。

　なお、神経細胞間のシグナル伝達のための構造はシナプスと呼ばれ、

送る方と受ける方は直接接着しているのではなく、0.15ミリほどの間隙があります。その間に神経伝達物質が分泌され、受ける側の受容体に結合してシグナルの伝達が行われます。

シナプスで受け取られた電気シグナルはその神経細胞の核、ミトコンドリアなどを持つ細胞体を刺激します。そして、その刺激が十分に大きければ細胞は発火します。

発火と聞くと少し大げさですがこれは専門用語で、神経細胞が刺激によって興奮し、電気パルス（インパルス、スパイクともいわれる電子エネルギーに相当する）を作って細胞体から細くのびる軸索（神経繊維）へ送り出すことです。この電気パルスは軸索を通って、その末端の突起にある多くの神経細胞につながるシナプスへ送られます。

この神経繊維（軸索）における電気パルスの流れは、電子が電線を流れる状態とは違いますが、結局はイオンを軸索の膜にそって流してシナプスへ電子エネルギーとして届けるわけですから、基本的には同じものと考えられます。

そして、シナプスでは電子エネルギーがミトコンドリアに入って刺激し、ATP産生をあげることになります。そしてこのエネルギーによって神経伝導物質が放出され、それが受け手の神経のシナプスにある受容体に結合して、電気パルスが発生し信号が伝達されます。

神経膜を伝わる各パルスの電気エネルギー（膜電位）はほぼ一定ですから、強いシグナルほどパルスの回数が多くなるのです。ですから、よく使われるシナプスほどエネルギーの供給が多くなり、そこでの記憶が強化されて長期に使用されることになります。

このように大脳新皮質の神経細胞（錐体細胞）ではグリア細胞経由で乳酸を供給されることで素早く多くのエネルギーを産生し、刺激を電気エネルギー（電子エネルギー）に変えて伝達できます。ですから、外界に起こる危険などを素早く探知して反応し、生命を守ることが出来ます。

このような素早いATP産生を解糖系でのブドウ糖の代謝から始めようとしても、時間がかかって不可能です。

このように大脳皮質は常時エネルギーを使って神経間のシナプス形成が進むのです。そうだとすると、大脳の神経細胞はシナプスですぐいっぱいになり、脳が使えなくなるのではないかと心配されますが、そうならないのは、シナプスは出来てもそれですべて固定されるわけではなく、使われないものは自然と消えるからです。この現象は「シナプスの可塑性」と呼ばれています。

それでは記憶の固定（長期保存、痕跡化などとも言われます）はどうやって行われているかというと、睡眠中に大脳に入ってきた記憶の整理が行われ、残すべき記憶の固定が行われます。

その記憶の固定に関わっているのが、大脳辺縁系にある神経核の海馬や扁桃体になります。そこではブドウ糖の吸収や代謝が大脳皮質とは違っていますから、エネルギー代謝も違ったものになります。

◎辺縁系での記憶の固定とエネルギー代謝

このように脳に送られてきた情報は先ず大脳皮質に送られますが、その後、記憶の選択や固定が行われることになります。

それで記憶の固定の話になりますが、ひとことで記憶といっても色々なものがありますが、大きく分けると陳述記憶と非陳述記憶になります。陳述記憶というのは言葉で説明可能な記憶で、その代表はエピソード記憶といい、生活上の出来事やそれに対する自分の反応行動を指し、その記憶の選択などに関係するのが海馬です。

また、非陳述記憶というのは言葉では説明できない記憶で、いろいろ

なエピソードに伴って心に生ずる感情をいい、その記憶を担当するのが、前出の動情に関係している扁桃体になります。

　ですから、二つの記憶は辺縁系にある別々の神経核で扱われます。それらは関連づけられて大脳の神経細胞に送られ、固いシナプスを形成することによって固定されることになります。その記憶固定のためには、これらの神経核から大脳皮質にエネルギーの高い電気パルスを送ることになります。そのため海馬や扁桃体ではかなり高いエネルギー代謝が必要です。

　実際に、これらの大脳辺縁系の神経細胞では高感度の GLUT3 トランスポーターが発現していて、ブドウ糖を効率よく吸収してエネルギー源として使うことが出来ます。

　そして、記憶の固定に関する活動は、夜間に行われるのが分かっています。つまり、昼は大脳皮質が外界からの情報を処理することに集中し、エネルギーを多量に使っていますから、記憶の選択や固定は夜に行われるのだと考えられます。

◎レム―ノンレム睡眠のリズム形成と機能

　それでは、記憶の固定というかなりエネルギーを必要とする機能を行うために、神経細胞はどのようなエネルギー代謝をしているのでしょうか。そのためにはエネルギー代謝リズムが必要とされるように思われますが、今のところ、そのようなリズムがあるというような研究報告はありません。

　しかし、睡眠時にはレム―ノンレム睡眠のリズムがあり、最近の研究から両睡眠のあいだにエネルギー代謝で大きな差があることも分かってきました。

　レム睡眠という名前のレム（REM）というのは Rapid-Eye ‐ Movement の略で、眼が早く左右に振動するのが認められることから来ています。この眼の動きは脳が活発に活動していることを示しています。一方、ノンレム睡眠ではそれがないのです。

　実際に、レム睡眠では活発な脳活動を反映して、エネルギー代謝が非常に高く、逆にノンレム睡眠では非常に低いのです。ですからレム―ノンレム睡眠はエネルギー代謝リズムである可能性が高いのです。

　普通、レム―ノンレム睡眠は脳波を観察することによって区別されます。睡眠に入ると、リズムはまずノンレム睡眠から始まります。リズムの周期は平均1時間半くらいのもので、それを一夜で4、5回繰り返します。脳波から判断すると、最初のノンレム睡眠が最も深くて長く、その後は次第に浅くなってきます。そして、レム睡眠の時間が少しずつ長くなっていくようです。

　ノンレム睡眠は脳波の観察から徐波睡眠ともいわれ、覚醒時に比べるとずっと緩やかな脳波を示します。つまり、大脳は、全く機能をしていないわけではないでしょうが、仕事を休んでいる状態で、次の大仕事の準備段階にあると考えられます。

　現在、脳研究者の間では両睡眠は別個のものであるとする見解が支配的ですが、いろいろな研究結果を考え合わせてみると、内分泌系と神経系でコントロールされているのが分かります。それでなければ90分という短くて強いリズムを作ることはできないと思われます。

　まず、内分泌系の調節ですが、最初のノンレム睡眠が始まる時に合わせて、成長ホルモンが分泌されてきます。成長ホルモンは幼少期の骨や筋肉の成長を促すホルモンとして知られていますが、成人でも骨、筋肉、皮膚などのメンテナンスを促進することが知られています。

ですから、ノンレム睡眠中では脳がエネルギー消費を抑制するため、筋肉でエネルギーを使って組織のメンテナンスを行うものと思われます。筋肉と脳はどちらも進化した動物で並行して発達したもので、機能も代謝も相互的に行われることが多いのです。しかし、この場合、脳に内分泌的に何かの影響を与えているかは分かりません。

　また、レム睡眠中の筋肉では、ブドウ糖の吸収が抑制されてエネルギー代謝が低下し、脱力状態になります。ですから、レム睡眠では脳と筋肉のエネルギー消費状態はノンレム睡眠と逆の状態になっています。つまり、筋肉はエネルギー消費を抑えて、脳の自己産生のためのエネルギー消費を助けているのです。

　また、レム睡眠が始まるときは、脳からの刺激で副腎皮質から糖質コルチコイドが分泌されてきます。

　糖質コルチコイドは多機能の異化ホルモンですが、睡眠に入ってからは、体内のいろいろな組織のタンパク質を分解し、生じたアミノ酸を肝臓でブドウ糖に新生し、血糖値を上げます。そして、脳ではレム睡眠でのエネルギー代謝を上げることになります。

　一方、神経系でのコントロールはどのようなものかというと、レム睡眠時にコリン作動性神経系が、ノンレム睡眠ではおもにGABA（ギャバ）作動性神経系が働いているということです。

　これらの神経系は、介在神経（介在ニューロン）と呼ばれ通常の神経細胞のように長い軸索は持っておらず、情報伝達するものではありません。介在神経は全身の神経系に存在し、種類も機能も多種多様ですが、関与する神経系の刺激と抑制に関係しているものです

　コリン作動性神経は刺激性で、GABA作動性神経系は抑制性の介在神経で、海馬などではコリン作動性神経は記憶形成を刺激し、GABA作動性神経は抑制するものと考えられています。ですから、レム―ノン

レム睡眠リズムを短周期に調節しているものと考えられます。

　また、DMN回路のある大脳皮質では解糖系はアストロサイトで、ミトコンドリア系は神経細胞という風に分かれていますからエネルギー代謝リズムの形成はありません。しかし、大脳皮質でも多くの介在神経が存在していますので、レム―ノンレム睡眠リズムにあった活性の変化があるのは、それらによる調節が大きいのではないかと考えられます。

　また現在の研究結果の中にもレム―ノンレム睡眠をリズムと考えて良い証拠はいくつかあります。その一つが、二つの睡眠を別々に削って、その機能を特定しようとする実験（レムあるいはノンレム断眠実験）からも示されています。

　このような断眠実験は、脳波計や筋電図などを用いて、その睡眠になったら動物を刺激して眼を覚まさせて行われます。しかし、どんなに注意しながらレム断眠、あるいはノンレム断眠を行っても、結局は両方が消えた全断眠になってしまうのです。

　つまり、この二つの睡眠相は各々独立したものではなく、連続したリズムなのです。ですから、レム―ノンレム睡眠はエネルギー代謝リズムで、辺縁系と大脳皮質の間での記憶形成、固定化が行われているものと考えられます。

◎ DMN回路は「こころ回路」か

　ここまでは、辺縁系の神経核で行われているエネルギー代謝を中心にお話ししてきましたが、ここでは大脳皮質のデフォルトモード神経回路（DMN）と「こころ」の関係について考えてみたいと思います。

　そこでまず、われわれが「こころ」ということで何を意味しているの

かを知っておくことが必要です。それは「広辞苑」で引いてみるまでも
なく、こころの研究者の定説として、こころの機能は「知・情・意」に
まとめられるものであることで一致しています。

　知情意とは知識、感情、意志の略で、それらが大脳皮質のどこで実行
される機能であることもだいたい分かっています。

　まず、最初の「知識」に関係するのは環境からの情報のことで、五
感（視覚、聴覚、味覚、嗅覚、触覚）の感覚器官を通じて入ってきます。
ですから、それぞれの感覚の中枢、例えば、聴覚からの神経は側頭葉に、
眼からの神経は前頭葉にある中枢にあつまってきます。それらは一次野
と呼ばれ、お互いに連絡を取り合っており、その領域を連合野と呼びま
す。

　これらの大脳皮質に入ってくる記憶はそのままではあまりに膨大です。
その中から重要な記憶を残すために、時間をかけて整理されます。そし
て、必要に応じて海馬や扁桃体へ送られてさらに整理され、その後にふ
たたび大脳皮質へ送られて、記憶の固定が行われることになります。

　そして、「感情」に関係するのは過去のエピソード記憶にともなう感
情の記憶が蓄えられている神経細胞群で、記憶にある情報と照らし合わ
され、辺縁系の海馬や扁桃体へ転送して調整されてその記憶にともなう
感情が生みだされてくることになります。

　最後の「意志」は、その新たに情報と感情から生まれた結果を、自分
の意志として言葉や行動であらわすことを言います。その意志決定の過
程に関係している部位はおもに前頭葉の運動領野ということになります。

　なお、運動領野からの情報の一部は小脳に送られ、行動に必要な複数
の筋肉の動きのスムーズさやバランス（協同性）などが検討、調節され、
ふたたび大脳の運動野に返されるということです。

このように、大脳皮質にはこころ回路といっていいような神経回路がある可能性が大きくなります。この中に含まれるはずの「デフォルトモードネットワーク（DMN)」は雑念回路とも訳されたようにその機能はよく分からないものでした。それが、最近ではそのネットワークが脳内のいろいろな情報を取り入れて処理していることが分かってきて、DMN が「こころ」に通じるものではないかと見られるようになってきています。

◎情動とこころ回路の関係

　以上、ヒトを代表とする大脳皮質をもつ高等生物でのこころの性質とその生成過程についてお話ししました。それでは大脳新皮質をもたない動物ではこころと言えるような大脳の反応がないのかというと、そうでもないのです。

　それは「情動」と呼ばれる大脳辺縁系の機能として知られているものです。情動については前に覚醒時の空腹感解消に関係した焦りの感情として出てきましたが、関係する反応はそれだけではありません。

　「情動」は普段使う言葉ではありませんが、辞書では「怒り、恐れ、喜び、悲しみなどのように、比較的急速に引き起こされた一時的で急激な感情の動きで、身体的、生理的、また行動上の変化を伴う」と説明されています。これは脳科学の専門家の記事のなかでもよく引用されているもので、これに習ってお話ししたいと思います。

　つまり、情動とは急性のつよい感情の動きとそれと連動して起こる素早い行動がくみ合わさった反応をいうので、前に引用した「こころ」の定義には当てはまるものではありません。我々が普通にこころと言っているものとは違うものなのです

この情動反応は扁桃体を中心とする大脳辺縁系で行われますので、魚類、鳥類や、ほ乳類でも大脳皮質があまり進化していないげっ歯類（ネズミやリスなど）などにも顕著に見られるものです。つまり、この反応は扁桃体を中心とした反射的な反応で、危険なもの（生物、物質、出来事）から身を守る反応なのです。

　人間でもこの反応は扁桃体が中心となって行われますが、大脳皮質の前頭葉とも連絡しています。神経反応は扁桃体や海馬などの辺縁系から大脳皮質の前頭前野の腹（外）側部につながり、状況をより詳しく分析してから意思決定して反応します。そして、アドレナリンなどのストレスホルモンの分泌を上げ、自律神経系や筋肉運動の神経系を通して行動することになります。

　気になるのは、扁桃核からの刺激が大脳皮質のDMNまで達してこころ回路まで巻き込んだものになるかどうかです。これに対してはまだはっきりした解答はないようですが、大脳皮質の高次な認知機能が加わって出てきた場合は情動ではなく感情と呼ぶべきだとする意見が強いようです。

　また、扁桃体には記憶を作り保持する機能はありませんが、情動の記憶は残るのが普通です。その記憶はしかし大雑把なもので、大脳皮質にあるものと考えられます。

　また、実験的に、ラットの扁桃体を摘出した場合、情動反応は起きなくなりますが、その原因となった刺激の記憶は残ることが分かっています。大脳皮質が独自の神経経路で記憶していると考えられます。

　このようにヒトなど大脳皮質の発達した動物では、扁桃体での情動の反応はこころ回路と連結し、その「知・情・意」の働きを受けて処理されることになります。ですから、ヒトの場合は魚や鳥達のように群れがそろって同じ逃避行動をとることはほとんどなく、各自でそれぞれのこ

ころ回路で処理して対応することになります。

　そのため、対応には時間がかかり、結果としても各自のこころの「知・情・意」にしたがって行動がばらばらになることが多いのです。

第4章 高等生物におけるエネルギー代謝の異常

◎高等生物における好気的解糖

　ここまでは、高等生物の正常なエネルギー代謝の機能について見てきましたが、この章ではその異常による障害などをお話しすることになります。

　エネルギー代謝障害については、第1章で酵母のエネルギー代謝リズムの失調によって好気的解糖が起こり、リズムが消えてしまうことをお話ししました。

　この酵母に見られる好気的解糖状態は、ヒトなどほ乳類でも見られるものです。ただ、ほ乳類の場合は多臓器でエネルギー代謝も複雑に調整されていますから、組織によって好気的解糖になり安さや症状は違い、いろいろな形の障害が見られます。

　この章では、ヒトの好気的解糖による主な疾患である糖尿病，うつ病、認知症などについてお話ししたいと思います。また、がん細胞の発生にも関係がありますので、これは最後のほうでお話しいたします。

◎糖尿病の発症における好気的解糖

　好気的解糖は，エネルギー源となるブドウ糖などを必要以上にとり続けることによって起こるエネルギー代謝系の障害です。そう言われて、

誰もが思いつくのは糖尿病だと思います。

　ただ、医学的には糖尿病は「インスリンの分泌が低下すること」によって起こる病気と定義されています。しかし、インスリン不足は糖尿病になった結果起こるもので、合併症の原因にはなりますが、糖尿病の根本的な原因ではありません。

　糖尿病は、食べ過ぎによる高血糖が持続することが引金になるのですから、高血糖がなぜインスリン不足をひき起こすのかが問題です。つまり、高血糖によって好気的解糖になりやすい臓器組織は複数あるかと思われますが、その中で、インスリン分泌に関係している臓器があり、その機能が失われて発症する疾患と考えられます。

　その臓器と考えられるのが、インスリンを分泌する膵臓のランゲルハンス島という島状の組織にあるベータ（β）細胞（以下、膵ベータ細胞）です。糖尿病の患者さんの膵ベータ細胞が障害されていることは良く知られていますし、マウスを使った実験的な根拠もあります。

　その実験では、マウスにエネルギー過多のエサを与え続けると血糖値が上がり、血中のインスリン濃度は、始めは上がりますがすぐに下がってきます。つまり、インスリンの合成、分泌そのものが低下してくるのです。そして、その原因が膵ベータ細胞の障害であることも明らかにされています。

　膵ベータ細胞は、高血糖の時にはインスリンの合成および分泌を盛んにする必要がありますから、エネルギー代謝が盛んになります。そのため、エネルギー源としてのブドウ糖の吸収力を大きくするため、吸収力の非常に高い2型ブドウ糖輸送体（GLUT2）を作って膜に配置しています。

　ですから、膵ベータ細胞では、高血糖が続くと、どんどんブドウ糖を吸収するようになります。そのため、細胞内では解糖系が異常に亢進し

て、ミトコンドリアの活性が抑えられ、次第に好気的解糖の状態に移行していくと考えられます。そうなると、エネルギー産生力が低下するだけでなく、インスリンの合成および分泌の機能も低下し、しだいに膵ベータ細胞そのものも機能低下し、消滅してくるものと考えられます。これが糖尿病のもっとも根本的な発生原因になるのです。

　このように、糖尿病は一度発症してしまうと治りにくい疾患であることが分かります。実際、薬物や食事療法を注意して行っても、血糖値を十分に抑えられていないことも多く、10 ～ 20 年後にいろいろな合併症が現れてくることがあります。

　合併症はいろいろな臓器に現れてきますが、目の網膜や手足の神経のようにエネルギー消費の多い臓器に現れてきます。これらの臓器の微小血管の内皮細胞などにミトコンドリアの機能低下が見られ、好気的解糖に近い状態になっていることが分かります。

◎うつ病の発症メカニズム

　うつ病は脳における生活習慣病と考えられますが、脳へのブドウ糖の吸収は脳血管関門（BBB）で選択的に行われていますから、糖尿病との関係はないように思われます。しかし、糖尿病の患者さんの中にはうつ状態になる人は多いですし、本当にうつ病になる人もいます。それに、うつ病の患者さんの中にも神経細胞のミトコンドリアに機能障害が見られることが分かっています。

　また、うつ病は持続的な強いストレスによって起こることが多いものですから、ミトコンドリアを中心とするエネルギー代謝障害が起きて発症する可能性が高いことになります。

　それでは、うつ病の原因であるストレスによって、脳内がどうして高ブドウ糖になるのでしょうか。そして、脳内にも好気的解糖になりやすい組織があるのでしょうか、考えてみましょう。

　まず、ストレスによって脳内が高ブドウ糖になるかどうかですが、それは脳特有の原因で起こることがあります。

　ストレスが持続すると、視床下部（図4）にある神経核（青斑核）が活性化され、副腎皮質からの糖質コルチコイドの分泌が促進され、脳内へのブドウ糖の供給が増えてきます。

　これはレム睡眠が誘導されるときと同じ反応で、通常は、糖質コルチコイドは異化期が終わる朝方には分泌がとまります。ところが、強いストレスが続くとその分泌が続いてしまうのです。

　つまり、ストレスが持続することにより、糖質コルチコイドの分泌が増強され、脳内のブドウ糖濃度が高くなってくるのです。その結果、高ブドウ糖によって神経細胞のエネルギー代謝が障害され、その人はうつ病になってくるものと考えられます。

　このようなストレス性高血糖の実例としては、手術後や心臓病、脳卒中の発作を起こした人に発症することが知られていました。以前は、このような症状は一過性のものと考えられていましたが、ストレスを改善する治療をすると死亡率が下がることから、ストレス性高血糖によって死に至ることもあるのが分かってきました。

　動物実験からも、睡眠を妨害するようなストレスを加えると脳内のブドウ糖濃度が上がり、うつ状態になり、神経細胞にミトコンドリアの機能低下が現れることが分かっています。

　そして、うつ状態になったマウスの脳内で、最も障害を受けるのが大脳辺縁系にある海馬と呼ばれる神経核（図4）の神経細胞であることも分かってきました。

海馬は新しい記憶を一時的に蓄え、そのあと大脳の神経細胞に働いて記憶の長期保存を促進する領域として知られています。

　また、海馬は糖質コルチコイドの分泌を抑制する機構を持っていますが、この抑制機能は、脳内の高ブドウ糖状態が続くと低下してしまうのです。それは、海馬の神経細胞は高ブドウ糖に弱く、ミトコンドリアの機能不全から細胞がこわれて、海馬自体が萎縮してしまうからです。

　その結果、脳内には高ブドウ糖状態が続き、うつ病から回復することが難しくなります。また、うつ病における海馬のミトコンドリアの機能低下や萎縮は、動物実験でも確かめられています。

　このように、海馬が高ブドウ糖に弱いのは、前章でお話ししましたように、海馬が脳でもエネルギー代謝が盛んな神経核でエネルギー代謝リズムの形成があるからだと考えられます。海馬では新しい記憶を一時的にためておくためにエネルギーを非常に沢山要求するものと思われます。

　事実、海馬には、多くのブドウ糖を吸収するため、かなり高感度のブドウ糖輸送体（GLUT3）が他より多く分布しているのが分かっています。

　しかし、この高感度のブドウ糖輸送体は海馬だけでなく、その付近の領域（視床下部）の神経細胞にも分布しています。この領域には自律神経やホルモンなどの神経中枢が多く存在し、われわれの感情や体調をコントロールする重要な領域です。

　ですから、海馬だけの障害であれば、記憶障害が主な症状である認知症と区別がつかないものになりますが、ストレス性うつ病は視床下部の他の神経中枢も障害を受けて、気分が沈むばかりでなく肉体的にもいろいろな症状が現れてくるものと考えられます。

　ただ、このうつ病での海馬の萎縮は、適当な治療を長期に行うと、神経の新生が起こって回復してきます。ですから、うつ病は原因となるストレスがとれれば回復できる疾患なのです。

うつ病はストレスによって糖質コルチコイドが過剰に分泌されてくるのが原因ですから、ストレスがなくなればその過剰分泌はなくなりますし、神経細胞にエネルギー代謝リズムが戻ってきますから、適当に刺激すれば細胞分裂も可能になってくるのです。

その点、糖尿病ではインスリンを分泌する細胞（膵ベータ細胞）自体がやられてしまい、唯一の同化ホルモンであるインスリンが分泌できなくなるので回復が難しいのです。

以上のようにうつ病では海馬付近の神経細胞の萎縮が主要な病変ですが、これと良く似た病気で、より強い症状をしめすのがアルツハイマー型認知症です。

最近、それに関する研究が進んで、好気的解糖になる可能性が強く示唆されてきましたので、次にそれについてお話ししたいと思います。

◎アルツハイマー型認知症

脳も老化で認知症が進むことは確かのようですが、その進行は遅く普通はあまりはっきりしません。しかし、認知症が早く進むアルツハイマー型認知症（以下、アルツハイマー病）では、普通の老化と同じとは言い切れませんが、よく似た症状で早く進むのが認められます。

アルツハイマー病には遺伝性のものもありますが、60％以上が生活習慣病として起こります。認知症の症状は60歳以降になってから現れますが、認知症の原因となるアミロイドベータタンパク質やタウタンパク質の細胞内蓄積はすでに30歳ころから見られます。

アルツハイマー病の研究は盛んに行われていますが、そのなかでも注目されているのが、ワシントン大学のレイクル教授らによって行われた

研究です。

　彼らは、PET（陽電子断層撮影）を使って脳の各部位の酸素とブドウ糖の消費量を測定し、若いころにアミロイドベータの蓄積が見られるアルツハイマー病予備軍と正常な人の間のエネルギー代謝の違いを調べています。

　その結果、アルツハイマー病予備軍の人の海馬ではブドウ糖一分子あたりの酸素の消費量が明らかに低いことが示されました。つまり、アルツハイマー病の人の脳では、海馬などでミトコンドリアの活性が低下し、エネルギー代謝リズムが崩れて好気的解糖状態になっていることが分かりました。

　以前よりアルツハイマー病は血糖値の高い人に多く、糖尿病の合併症としても知られていました。また、記憶力が低下することも海馬の機能が低下することで分かります。

　それらのことから、アルツハイマー型認知症は海馬における軽度であっても慢性的な好気的解糖が原因で発症し、10年以上たってからアミロイドベータやタウタンパク質などが大脳皮質で蓄積してくるものなのです。そのため、大脳皮質の神経がやられて認知症になるのです。

◎がん細胞と好気的解糖

　このような「好気的解糖」という状態は、がん細胞にも見られることが、ノーベル賞学者のオットー・ワールブルグによって発見され、戦前（1930年代）から知られていました。それで、がん細胞の好気的解糖は、「ワールブルグ効果」と呼ばれています。

　がん細胞は好気的解糖状態でも細胞分裂する能力を持っており、糖尿病などの細胞とは状態が違います。それは、両者は好気的解糖になる前

の細胞のエネルギー代謝が全く違うからです。

　つまり、各臓器で機能している分化細胞は好気的エネルギー代謝が基本ですが、がん細胞になる細胞はまだ未分化の細胞で、ミトコンドリアは持っていますが嫌気的なエネルギー代謝を行っています。それが分化細胞になる時にミトコンドリアが活性化されるのですが、それができなくて好気的解糖状態になってしまったものが「がん細胞」なのです。

　われわれの体内には、もともと嫌気的な環境で解糖系によって生きている細胞があります。それは嫌気的エネルギー代謝を行っている生殖細胞から各組織の分化細胞に分化する（組織）幹細胞と呼ばれている細胞です。それで、がん化の学説としてもっとも有力な「がん幹細胞説」ということになります。

◎幹細胞のがん化機構

　このように、幹細胞では嫌気的な解糖系が中心に働いていますが、分化細胞になる時はミトコンドリアをまきこんだ好気的エネルギー代謝に転換します。その転換の引金になるのが、あの細胞機能を上げるサイクリック AMP の爆発的な産生です。

　つまり、前にお話ししたように、サイクリック AMP はエネルギー貯蔵期（同化期）から消費期（異化期）への移行する時にミトコンドリアを活性化しますが、それと同じように幹細胞から分化細胞への移行時にミトコンドリアを活性化して、好気的エネルギー代謝への移行を促進するのです。

　事実、分化細胞はどの組織でも豊富な毛細血管の中にあり、好気的なエネルギー代謝を行っています。一方、幹細胞は組織ごとに血管の少な

い低酸素の部位にあつまっており、解糖系を中心とした嫌気的なエネルギー代謝を行っています。

　そのうえ、各組織の分化細胞の寿命は異なりますので、それに応じて幹細胞の分裂の頻度は異なることになります。ですから、その細胞分化の行われる部位の選択がかなり難しいのです。

　その分裂頻度が一番多いのは、体外からの有害物質にさらされる皮膚、腸管や肺気管などの上皮細胞です。それから、体内の組織で血液や胆汁などの少し刺激的な体液を運ぶ管状組織の内側にある内皮細胞になります。

　これらの部位の幹細胞は各組織の嫌気性の高い部位にあつまっており、その部位はニッチと呼ばれます。ニッチで一番よく知られているのは腸管の上皮細胞などのニッチで、陰窩と呼ばれる深い穴の底にあり、そこで生まれた分化細胞が腸管や皮膚の表面に移動してゆきます。

　一方、これら上皮、内皮細胞に比べると各組織の機能を担当する分化細胞は分裂することはありませんから、がん化の危険はずっと少なくなります。分化細胞由来のがんは肉腫と呼ばれ、悪性度も上皮や内皮のがん（肉腫に対して癌腫と言われる）ほどではなく、頻度もがん全体の１％くらいしかありません。

　一方、幹細胞から生まれた分化細胞は、ほとんど分裂することはないのでの寿命は長いのですが、各組織でかなり違います。肝細胞の寿命は120日で、脳の神経細胞では、ことに記憶を固定する大脳皮質で長く、ほぼ一生死ぬことはありません。

　このようにほとんどの組織臓器で幹細胞の分裂は必須なのですが、そのニッチの環境には、必然的に不利になる条件があります。それはニッチが血管などの好気的な組織からから離れたところにあるため、酸素だけでなくエネルギー源となる血糖の供給も少なくなるということです。

そのため、幹細胞では血糖の吸収力を上げることになります。

　実際、幹細胞の細胞膜にはブドウ糖の吸収能力の高いブドウ糖輸送体（GLUT）が多く作られて、細胞膜に配置されています。そのうえ、吸収されたブドウ糖をいち早くリン酸化して、効率よく解糖系で処理できるようにしているのです。

　このような環境で幹細胞が分裂するためがん化する危険が多くなるのですが、その予防対策として関係するのが細胞の寿命を分裂回数で制限しているテロメアという遺伝子構造です。

　ご存知と思いますが、テロメアというのは、ヒトでは46本に分かれているクロマチン（DNAとタンパク質の複合体）のDNA末端にある構造で、特徴的な短い塩基（6〜9塩基）が繰り返して結合した長い構造をしています。

　テロメアは、細胞分裂のたびに少しずつ短縮します。そして、ある程度短くなると、p53遺伝子から合成されたタンパク質がそれを感知し、ミトコンドリアに作用して機能を抑制して、その細胞を自死（アポトーシス）するよう誘導します。

　つまり、幹細胞はテロメアで寿命が規定されているのですが、それは幹細胞が分化細胞になる際に、突然変異でがん化する可能性が高くなるので、それを予防するためと考えられます。

　そのとき働くp53遺伝子の機能は多彩で、テロメア関係では自死誘導タンパクということになりますが、がん化の抑制にも関係してきますので、がん抑制遺伝子あるいはがん遺伝子などとも呼ばれてもいます。

　また、テロメアの機能で大切なのは、その短縮は分裂する細胞、主に組織幹細胞で起こることで、各臓器で機能している分化細胞では細胞分裂しませんから、テロメアの短縮はありません。

このように、幹細胞が分化細胞に変わるときにがん化の危険があるのですが、その時は十分な酸素を使ってミトコンドリアを活性化し、解糖系と連携してリズムを形成しなければなりません。

　この幹細胞が分化細胞に移行する時に、大量の酸素が働いて、多くのサイクリック AMP が合成され、ミトコンドリアの活性を上げるように働きます。危険なのは、この間に酸素から毒性の強い活性酸素がうまれ、それによって細胞の遺伝子に突然変異が起こる可能性が大きいのです。

　ことに「がん遺伝子」と言われる一連の遺伝子が突然変異を受け失活すると、酸素があっても解糖系でエネルギー産生して増える「好気的解糖」の状態になってしまいます。

　そのがん遺伝子といわれる遺伝子の中で一番多い（ヒトでは50〜70％）のが p53 遺伝子ですから、がん化した細胞が自死できなくなることが一番大きな原因と見られます。

　事実、大多数のがん細胞の中ではテロメアが非常に短くなったままになっているのです。しかし、それを認識して自死を実行する p53 を中心とする機構が壊れていることが、がん化の重要な原因になるのです。

　また、老化でがんが発生しやすくなる理由については、次章の老化のところでお話します。

第5章　老化のメカニズムと長寿遺伝子

◎老化と寿命について

　以上のように、我々の身体は各組織でエネルギーをうまく使い、進化した機能を果たしているように見えます。しかし、好気的エネルギー代謝、ことにニッチでの分化細胞産生時には活性酸素の発生は避けられず、それが原因で次第に各臓器組織の構造や機能が低下することになり、老化現象が進んでくることになります。

　それでは完全な嫌気性エネルギー代謝をやっている生物では寿命がなく老化もしないかというと、専門の研究者の間ではそう考えられています。現代にも嫌気性生物に分類される生物はいますが、空気中の酸素となんらかの反応をしているために、完全な嫌気的エネルギー代謝にはなっていないようなのです。

　その点、この地球が生まれたころは大気中には炭酸ガスと窒素でいっぱいで、酸素はありませんでした。それで、最初に生まれた生物は完全な嫌気性細菌類で、それらには寿命はなかったと考えられています。なお、地球生物の誕生や進化については最終章でお話しします。

　それでは、我々高等生物の老化について考えてみますと、各組織でエネルギー代謝の好気性は違いますが、老化の進み具合は各組織でそんなに違うようには見えません。それは生物が複雑系で全体が一つの散逸構造をなしていますから当然のことなのだと考えられます。

ですから、老化は全身的に調節された形で進むのが分かりますが、その中心となる調節機構があるはずです。それは成長のときを考えてみると、主にホルモンによって行われていると考えられます。

　例えば、発育期でも全身的にまとまって成長が行われますが、その中心の働きをするのが成長ホルモンですし、思春期では男女それぞれの性的成長を促す性ホルモンです。

　成長ホルモンや性ホルモンは成長期や青春期が過ぎればその分泌は他のホルモンに比べればかなり急激に低下してきます。そして、今、老化原因で一番注目されているのは、やはりこれらのホルモンの衰退なのです。

　成長ホルモンは、ご存知のように筋肉、骨、軟骨などの成長や維持に関係するもので、成長期には盛んに分泌され、身体の生育に貢献しています。

　では、成長ホルモンは成長期をすぎれば必要ないかと言うとそうではなく、全身的の臓器細胞での糖質、タンパク質、脂質の代謝の活性維持にも関係しています。しかし、成長期を過ぎるとその分泌は次第に減少し、体力の低下、すなわち老化を促進する大きな原因となっています。

　一方、性ホルモンのうち、テストステロンは精巣から分泌される男性ホルモンですが、女性でも副腎、卵巣、骨格筋などから分泌され、閉経後は女性ホルモンに代わって主要な性ホルモンになります。

　そして、一口に性ホルモンと言ってもテストステロンの機能は幅広く、生殖器だけでなく、皮膚、毛髪、血液、免疫系などの消耗の激しい細胞の増殖を促進し、若さを保つための多くの機能を持っています。

　また、女性ホルモンは閉経後に急速に減少します。そのため、いろいろな更年期障害の症状が起きますが、それが一段落すればその後の老化の進行にはあまり関係しません。ですから、女性の場合はいろいろな障

害があっても、男性より10年ほど長生きできることになります。

　このように、老化期になると成長ホルモンや性ホルモンの減少で細胞機能が低下してきます。そのため、多くの組織でエネルギーの消費量が減って、ATP や NADH などのエネルギーの高い分子類が相対的に過剰になりやすくなると考えられます。

　実際に、老化した動物の細胞内ではエネルギーの高い還元型 NAD（NADH）の方が酸化型より多くなっていることが分かっています。始めは、酸化型 NAD（NAD$^+$）が減少していることが分かって、NAD の酸化酵素が減少していると見られましたが、そうではなく還元型 NAD（NADH）のほうが相対的に多くなっていたのです。

　その理由は、老化によって細胞内で使われるエネルギー消費が減少するため ATP の消費が減り、その産生が抑えられるからだと考えられます。

　それは、解糖系の後半で ATP 産生されますが、その促進に NADH が使われます（図1）。ですから、ATP 産生が低下すると NADH の消費が減少して残り、その濃度が高くなることになります。この傾向はミトコンドリアでも同じで、NADH の細胞内濃度が高まることになるのです。

　それに、重要なことは、NADH の細胞内濃度の上昇が老化を促進することになるのです。そしてそれには、長寿遺伝子サーチュインが関係しているようなのです。長寿遺伝子は名前のとおり、長寿を促進する遺伝子として発見されたのですが、老化に伴ってそれを促進する効果もあるのです。

◎長寿遺伝子サーチュイン

　長寿遺伝子を発見したのは、かのマサチューセッツ工科大学（MIT）のレオナルド・ガレンテ教授です。博士は延命効果を持つ遺伝子に興味をもち、出芽酵母を使って精力的に検索をつづけ、8年後に、サーチュイン遺伝子 Sir 2（サーツー）を切除すると酵母の分裂寿命（分裂回数）が約50％に短縮することを発見したのです。

　その後、酵母でも複数の長寿遺伝子が見つかったのですが、ほ乳類でも7種類（Sirt 1 ～ 7）あることが分かりました。そしてその酵素としての活性は「タンパク質脱アセチル化酵素」で、基質となるタンパク質（多くは酵素）のリジンという塩基性の強いアミノ酸からアセチル基を切断して作用します。

　また、ほ乳類で7種あるサーチュインは、それぞれ細胞内の局在と作用するタンパク質が違ってきます。Sirt 2 は細胞質にあり、ミトコンドリアには3種（Sirt 3、4、5）、核には3種（Sirt 1、6、7）があります（覚えなくても大丈夫です）。

　それにしてもその細胞内の分布はかなり特徴的で、ミトコンドリアはエネルギー代謝の中心で、核は遺伝子発現の場で、生命は両者のコンビネーションで営まれています。ですから、サーチュインは、生命の基本的な機能を調節しているものと思われます。

　しかし、サーチュイン間の構造の違いは小さく、細胞内の局在部位が移動するものもあり、各サーチュインの機能の解析は盛んに行われていますが、まだ確実に分かったとは言えないようです。

　ここでは、その中でも研究が進んでいる、Sirt 1 などを中心とする核内サーチュインによるリボソーム RNA の合成に関係する機能と、Sirt 3 などのミトコンドリアのサーチュインの作用を中心にその機能を見てい

きたいと考えます。

　動物の核小体に局在する Sirt 1 は、酵母 Sir 2 に該当するもので、主な機能としては、ヒストンという DNA と結合するタンパク質を脱アセチル化して、リボソーム RNA の遺伝子の転写（リボソーム RNA の合成）を「抑制する部位」を封じ込めます。それによって、リボソームRNA の合成が順調に行われるようになります。

　なお、リボソームと言うのは複数の RNA とタンパク質からなる大きな顆粒で、細胞質でのタンパク合成の場をつくっています。タンパク合成は概日リズムの形成に必須なものですから、リボソーム RNA 合成は生命維持に非常に大切なものです。

　ただ、Sirt 1 によるリボソーム RNA 合成の調節は概日リズムと直結したものではありません。というのは、リボソームは安定な顆粒で、培養細胞でも半減期は 100 時間くらいあるからです。

　リボソームが増えれば、それだけタンパク合成が盛んに行われ細胞を活性化するわけですから、成長期などでは、このサーチュインの機能は重要なものになります。

　しかし、老化が進んでくれば蛋白合成は低下し、リボソームの合成は抑制されなければなりませんから、還元型 NAD（NADH）の増加によるサーチュイン活性の抑制が起こり、リボソーム RNA の転写抑制が必要になるわけです。

　次にミトコンドリアでのサーチュインの機能についてですが、同じ酵素が複数種存在することもあり、その機能や作用機構などについてはまだ明確には分かっていないようです。

　その中でも注目されている Sirt 3 は、長い脂肪酸からミトコンドリアの基質であるアセチル CoA を作る酵素を活性化しています。ですから、

エネルギー産生に大きく関与しているものと思われます。

　ミトコンドリアはエネルギー代謝リズムの形成に直接関係しているものですが、それに対するサーチュインの作用についてはまだはっきりとは分かっていないようです。

　ただ、長寿遺伝子のサーチュインが概日リズムでどのように機能しているかということについては、培養細胞を使った研究が行われています。

　その研究ではマウスの培養細胞を使っていますが、一度、飢餓状態にして静止した細胞に血清を加えて概日リズムがいっせいに始まるようにしています。すると、24時間後に細胞分裂が始まりますが、サーチュインの活性は約12時間後から上がり始め20〜24時間の間に最高になります。

　この培養細胞のリズムをヒトの概日リズムにあわせると、血清を与えるのが朝の食事にあたり、エネルギー貯蔵期（同化期）の開始になります。そして、その12時間後（夕方）にエネルギー消費期（異化期）に移行します。

　ですから、サーチュインの活性が上がり始めるのは食後12時間後の夕方の異化期に入ってからということになります。異化期では遺伝子発現やタンパク合成の活性化が起こりますから、エネルギー消費が高まり、それにつれてサーチュインの活性化が始まることになります。

　つまり、異化期に入ると高エネルギーの還元型NAD（NADH）がATP産生のために使われて減少し、低エネルギーの酸化型NAD（NAD$^+$）が増えてきます。そのため、サーチュインの活性化が起こり、ミトコンドリアが活性化され、エネルギー代謝が促進すると考えられます。

　結局、長寿遺伝子サーチュインは老化期に入るまでの若くてエネルギー代謝の盛んなときは、ミトコンドリアを活性化するように働いてい

ますが、老化期に入ると還元型 NAD（NADH）の消費が減ってミトコンドリア活性を抑制するようになることが分かります。

　つまり、老化に伴いエネルギー（ATP）消費が減るため、還元型 NAD（NADH）が増えて、サーチュインが不活性化されてくるからです。その結果、寿命の短縮に関与すると考えられます。

　このような現象が、テストステロンなどが作用する多くの幹細胞に起こり、その臓器内の分化細胞数が減ってきます。そのために、個体の機能が落ち、老化が進むものと考えられます。

　そして、個体の体力低下が進み、呼吸や循環系がエネルギー代謝リズムを支えられなくなると死亡することになります。

◎食事制限（節食）によるサーチュインの延命効果

　主なサーチュインの働きは以上のようですが、これらのことから、食事をとる時間と摂取量が適当でないとサーチュインがうまく機能せず、エネルギー産生が順調に行われなくなり、細胞機能がうまく調節されなくなるのでないかと考えられます。

　つまり、食事は同化期に移行した後、ヒトでは早朝にとった方がよく、遅くなると概日リズムを狂わせる可能性があり、延命効果にも影響すると考えられます。

　また、食べ過ぎて血糖値が高い状態が続くと、NADH 濃度が高くなってしまい、サーチュインの作用がつよく抑制されるはずです。そのため、ミトコンドリアの活性が低下し、それがさらに血糖値の上昇をまねいて好気的解糖にちかい状態になり、糖尿病になりやすくなり、寿命を縮める結果になると考えられます。

　ですから、食べすぎないように節食することによってサーチュインの

活性は高く保たれることになります。それは実験的にも「節食効果」として認められています。

　最初に長寿遺伝子サーチュインに節食効果が認められたのは、最初に長寿遺伝子が同定された酵母で、培養液中の栄養素のカロリーを制限すると分裂回数が2倍ほどにまで増えたのです。ただし、酵母は単細胞生物なので、分裂回数が寿命と見なされています。

　その後、多細胞生物である線虫で30〜50%、マウスで20%と、延命効果が認められました。どうも、節食効果は進化した生物ほど少ないようですが、多細胞生物の寿命にも延長効果があることが分かってきました。

　それでは、ヒトのような霊長類でも節食による延命効果があるかあるかどうかが注目されることになり、アメリカの二つの研究室（アメリカ国立老化研究所［NIA］とウィスコンシン大学）でアカゲザルを使った研究が行われました。

　ところが、その二つの研究結果は違ったものになりました。延命効果を認めたのはウィスコンシン大学の研究ですが、サルの摂取するカロリー量や血糖値などをかなり厳しくチェックしながら、20%カロリー制限を厳しく行ったものでした。

　しかし、ウィスコンシン大学の結果判定には問題がありました。対象となる正常食を与えたサルには、がん、糖尿病、心血管疾患などが多く、それらを正常な加齢死に含めているのです。しかし、これらの疾患は高血糖の影響が大きいもので、サルによっては出された食事量は多すぎた可能性があります。

　一方、カロリー制限（節食）したサルには、麻酔時の事故死、鼓腸病（腸管にガスがたまり排出できなくなる）、怪我（けが）などで死んだものがあり、それらは不慮の死として加齢死から除外されています。

　しかし、これらの死は節食による筋肉や内臓の筋力低下、神経や免疫力の低下など体力低下によるもので、節食したサルは体力が低下していて、ストレスに弱くなっていたと考えられるのです。

　ですから、彼らの実験では正常な量のエサを与えたという対象サルは実際にはカロリー過剰になり、節食したサルは栄養不足になっていたのです。それを考慮すると、結局は両者の間に節食による生存率の差はほとんどなかったのです。

　一方、NIAの実験では、カロリー制限は与える飼料の量はきちんと管理して行われたようですが、食べる量はわりとサルの自由だったようです。

　結局、霊長類では適正なエネルギー摂取量はかなり限定された範囲内にあり、カロリー制限できる余裕はあまりなく、延命効果は始めから期待できないのです。

　しかし、節食したサルとしなかったサルの写真を比べてみると、確かに節食した方がずっと元気そうに見えます。ですから、節食の効果は全くないわけではないようで、20％の節食ではきつくて体力低下をきたしたと考えられます。今後、10％前後での節食で比較する必要があるようです。

◎神経系による老化の調節

　以上、成長ホルモンや性ホルモンなどの分泌低下による老化や寿命への影響をお話ししてきましたが、最近、これらホルモンの分泌が脳によって調節されていることから、寿命や老化が脳によってコントロールされているという説が注目されるようになってきました。

　これらのホルモンは脳下垂体（図4）の前葉で合成されて分泌されて

きますが、その分泌のコントロールは大脳辺縁系に属する「視床下部」と呼ばれる神経核から分泌される脳内ホルモンで行われています。このことから、視床下部が我々の寿命の決定や老化の進行までコントロールしているという説が出てきているのです。

　しかし、寿命や老化は脳下垂体を持たない下等生物や酵母のような体細胞生物にも見られるものですから、高等生物だけが脳によって行なわれているとは、安易に認めることはできません。それに、その詳しい調節機構はまだよく分かっていないのです。

　視床下部では他の大脳辺縁系にある扁桃体や海馬などと同じようにレム─ノンレム睡眠リズム（エネルギー代謝リズム）が認められ、サーチュインが機能しています。

　そして、視床下部でも体の老化に伴ってNADHが増加し、サーチュインの不活性化が起こることが分かっています。つまり、老化における視床下部の機能低下は、体の臓器の細胞の老化におけると同じように、サーチュインの不活性化によって促進するのです。

　ですから、視床下部の老化も全身的なメカニズムに同調して行われているようで、視床下部が神経反応で直接老化をコントロールして寿命を決めているということではないようなのです。

第6章　生命と宇宙の一体性

◎素粒子とは

　前章までに、主に高等生物の臓器組織の機能とエネルギー代謝の相互関係についてお話ししてきました。私としてはエネルギー代謝系が細胞機能の調節にいかに重要な役割をしているかを強調してきたつもりです。しかし、読まれた方の多くは、そうは言ってもやっぱり身体の各臓器の機能に合わせてエネルギー代謝が調節されているのだ、と解釈された人が多いのではないでしょうか。

　確かに、どの書籍でも、どの教科書でも、生命の中心にあるのはDNAの遺伝子群でそこからタンパク質が発現されて身体を造り、それに合わせてエネルギー代謝系でエネルギーを作らせ、いろいろな機能をしていると書いてあります。

　そして、生命の起源についても、遺伝子の塩基配列（シークエンス）がタンパクをコードし、その突然変異の組み合わせで色々なタンパク質が生まれ、生物の進化を助けているばかりではなく、生命の起源にも関係していると言われています。

　しかし、さすがに現在では、生命誕生までそのようにシンプルに考えている科学者はいなくなったのではないかと思います。現在、体内で使われている遺伝子のなかの突然変異の話ならともかく、無から生命をになう遺伝子を作るなどということはまったく不可能なことが分かってきたからです。

例え遺伝子の素材があったとしても、突然変異だけで生命を作り出そうとか、あるいは機能を進化させようとしても、それを阻止するような変異の方が圧倒的に多く起こってしまいます。その結果、その失敗作の遺伝子の糟（かす）が宇宙いっぱいにあふれ、生命の誕生どころではないだろうと考えられています。

　だとすると、何がどういう方法で生命の誕生や進化に関わったというのでしょうか。それにはまず、生命を支えている最も基本的な物質で宇宙にあるものは何か、から考え始めるしかありません。

　すると、エネルギー代謝でのエネルギーや、身体を構成するたんぱく質などの物質の最も基本的な物質である「素粒子」の存在に注目することになります。

　現在分かっている素粒子の数は、標準理論では17種が知られています。それらは大きく4グループに分けられています（表1）。

　そのうちこの宇宙での物質の構成に関係する素粒子は「クォーク」と「レプトン」のグループで合計12個あります。各グループとも兄弟素粒子といわれる3種の素粒子が2群あり、6種づつに別れています。これらは物質の構成成分になるだけに素粒子の中では大きなものです。

　そのうちでも我々の身体を作っている水素や炭素など多くの原子の中央にある原子核の素材になっているのは、クォークのなかのトップクォークとダウンクォークと呼ばれる素粒子で、両者は電荷が異なり、前者がプラス（+2/3）、後者がマイナス（−1/3）になります。

　原子核は陽子と中性子からなりますが、陽子はアップクォーク2個とダウンクォーク1個からなりプラス（+1）の電荷をもちます。一方、中性子はその逆の比率で結合していますから、電荷がなくなり中性になるのです。

表 1　素粒子（現在認められているもの）

○ 物質を作る素粒子（原子形成に使われ、さらに分子、物質を形成）

	第 1 世代	第 2 世代	第 3 世代
クォーク （陽子、中性子 などを形成）	アップ	チャーム	トップ
	ダウン	ストレンジ	ボトム
レプトン （電子が中心）	電子 ニュートリノ	ミュー ニュートリノ	タウ ニュートリノ
	電子	ミューオン	タウ

○ 力の素粒子（「四つの力」のうち重力の素粒子についてはまだ不明）

ボソン	光子	Z ボソン	W ボソン	グルーオン
	（電磁力）	（弱い力）	（弱い力）	（強い力）

○ 質量を与える素粒子（空間に満ちて物質に重さを与える）

ヒッグス粒子

　次に、原子核の周りにある電子はレプトンに属する素粒子でクォークに比べると質量はずっと小さいのですが、電荷はマイナス 1 あり、後でお話しするように、フリーでは波動状であったのが、多く集まると次第に顆粒状に変わってきます。ですから、フリーのものほど反応性が高いのです。

　また、各原子は基本的にはその原子番号と同じ数の陽子（+1）と電子（−1）を持っていて、中性になっています。そして、分子によって違いますが、一般に原子番号の小さいものほど活性が高く、大きいものほど質量が大きく安定なものになります。

　また、電子には軌道あたりの数が決まっていて、その並びからも原子の反応性が変わります。

エネルギー代謝で重要な働きをする水素原子は原子番号1で電子は1個ですが、例外的に中性子は持っておらず、原子核は陽子1個のみで「プロトン」と呼ばれることもあります。

　このように水素原子は電子が1個で、原子核も陽子1個ですから乖離しやすく、反応性も高く、エネルギー代謝で重要な機能を行えるということになります。

　なお、水素原子でも原子核に、陽子に加えて中性子を持つものがあり重水素と呼ばれていますが、反応性は低く生体内ではほとんど使われていません。

◎宇宙における「力」

　17種の素粒子のなかで、三番目のグループである「ボソン」は光子など4種が知られています。これらはこの宇宙でのいろいろな「力」として機能するものです。

　力というと、我々はいろいろなものを想像しますが、原子物理学的には4種類しかありません。それらは「強い力」、「弱い力」、「電磁気力」それに「重力」です。

　そのうち、前二つの力は今お話しした原子の形成に働いているもので、「強い力」は原子核の中性子や陽子をまとめている力で、その働きをする素粒子には名前はありますが、まだ同定されていません.

　そして「弱い力」は原子核と電子の間に働く力で、よく言われるのは放射線のベータ崩壊での働きです。ベータ崩壊の時は原子核の中性子が外からの刺激で陽子に変わります。そのときに出される力で原子からは電子が放出されるのです。

　これらの二つの力は、どちらも力の及ぶ範囲が小さく、我々には感じ

られないものです。

　また「重力」は、質量にともなって出てくるもので、重さを感じさせるものですが、その本体となる素粒子は力が弱いせいか、まだ見つかっていません。

　最後の「電磁気力」は我々の生命にも生活にも重要なもので、それを伝える素粒子が「光子」になります。電磁気力というと漠然としてしまいますが、電力、磁力、熱力、光力などを含みます。

　電磁気力の素粒子である光子の本体は波で、周波数（振動数）の少ない方から、電波、赤外線、可視光線、紫外線、X線、ガンマ線の順になります。また、周波数が高いほどエネルギーも高くなります。

　光子の発生源は我々の周りにも発電や発光などの物理化学的現象や発生装置がありますが、なんと言っても大きいのは太陽で起こる核融合反応から生じてくる太陽光線になります。

　最後に、17種の素粒子の残りの1種「ヒッグス粒子」について説明しますと、まだはっきりとはしないのですが、この宇宙の秩序を整える役割をしていると見られているものです。

　それは、この宇宙が生まれた時は超高温で素粒子が全て高速で乱れ飛ぶような状態でしたが、次第に低温になってくると（とはいっても4000兆度以下）この素粒子（ヒッグス粒子）が相転換して凍りつき、各量子の動きが抑えられて、物質と電磁気力などが区別できるようになり、秩序が生まれてきたといわれています。

　ただし、この秩序形成に関係する素粒子としては電子の仲間であるニュートリノを想定する学者も多く、実際のところはどちらも確実とは言えないようです。また、最近は超ひも理論などが提唱されていて、まだはっきりしない研究分野になります。

◎宇宙の誕生（ビッグバン）

　これらの素粒子は、まさに生物がこの地球のある宇宙に生まれ、生活できる構造やそれらのための環境を整えるために必要な構造や力（エネルギー）を持ったものばかりです。このことから、宇宙は生物が生まれるために造られたと考えてしまいますが、そうではありません。我々が見ている宇宙は真空から「ビッグバン」で生まれてきたものなのです。

　それによってこの宇宙が形成され、我々生物が生まれることになったのです。また、この真空には、次に出てきます量子が含まれていますから「量子真空」と呼ばれています。

　では、どのようにしてビッグバンによってこの宇宙が生まれてきたのでしょうか？　それは約137億年前に、大きなエネルギーをもち、光と熱に満ちた固まりとして爆発的に生まれてきました。生まれた時は素粒子よりも小さいものでしたが、瞬間的にインフレーションでふくれて一応落ち着き、その後にビッグバンで次第に大きくなってきたと考えられています。

　そして、3ミリ程度になったとき（時間としては誕生後1兆分の1秒以内）、その中から粒子、反粒子が対になって生成し（対生成）、すぐに対消滅して真空にもどるという現象が爆発的に起きてきます。

　これらの粒子・反粒子はエネルギーの高い素粒子の仲間で量子と呼ばれ、それらがある空間は量子真空と呼ばれています。この量子真空での粒子、反粒子の対生成は、なにかのエネルギー的刺激があった時に発生します。

　また、ビッグバンのときは、2億回に1回というほどの低い確率で粒子と反粒子の対称性がくずれて対消滅できなくなります。これは、「CP

対称性の破れ」と呼ばれ、ノーベル賞を受けた小林・益川理論に基づい
たものです。

　この対称性の破れで、反粒子も粒子としてこの宇宙に残ることになり、
この宇宙の形成に加わることになります。

　2億回に1回などと聞くと、偶然に起こる現象かと思われますが、も
しこの確率が2倍、あるいは半分くらいになると出来た宇宙は歪んだも
のになり、生物を誕生することはできなかったと見られています。です
から、粒子に含まれる素粒子は始めからその確率を守れるように調整さ
れて造られたと考えられます。

　では、真空中の素粒子がどうしてこの宇宙に残るようになるのかとい
うと、そのエネルギーの一部が質量（重さ）に変わるからです。真空中
の素粒子はエネルギーを持っていますが質量は持っていないのです。

　エネルギーが質量に変わることは、アインシュタインの式 $E = mc^2$
（Eはエネルギー量、m は質量（g）、c は光速）で表されています。そ
れで、この宇宙での原子などいろいろな物質や生物を造ることができる
ようになるのです。

　我々の住むこの宇宙はある特異点でビッグバンによって産まれたと言
われても、このとてつもなく大きくて重い宇宙が、ある瞬間に量子真空
の一点から産まれてくるなど我々には考えられないことです。しかし、
それには量子真空のエネルギーが虚数で動いていることが関係している
らしいのです。

　著名な宇宙物理学者であるホーキング博士らは、この宇宙のタネは量
子真空中の「虚数時間（虚時間）」のなかで育ち、ビッグバンでこの実
数時間の宇宙へ放出されたと推論しておられます。

　虚数時間の中では、力の向きが逆転するので、物質やエネルギーは大
きくなるほど小さな空間に溜め込むことが出来るのです。また、虚数時

間の世界では物質やエネルギーも虚数を含んだものになり、虚数時間と一体になって縮小されるのです。

　こうして虚数時間中に溜め込まれた虚数（複素数）の宇宙のタネがビッグバンによってはじけて実数化し、この我々の住む実数時間で機能する宇宙を形成することになったのです。

◎量子とは

　前述のように、この実数時間で機能する宇宙には、現在17種ほどの素粒子が見つかっており、それらはこの宇宙で反応し結合しあいながら、原子、分子をつくり、物質などこの宇宙内に存在するもの全てを形成しているのです。

　ですから、生物の身体を形成しているタンパク質などの物質はそれ自体エネルギーに満ちたもので、エネルギー代謝はもちろん、種々の化学反応で機能しているものであることが分かります。

　実際に、生体内で起こる化学反応は、酸化還元反応だけでなくすべての反応が素粒子（量子）である電子の転移反応によるものです。例えば、すべての酵素の活性中心では反応性の高い電子が存在して機能しているのです。

　そこで、今度は電子の性質や機能を中心に見ていくことにします。電子に限らず素粒子は、奇妙なことに、波と粒子の両方の形をとることができるのです。基本的には波なのですが、場合によって粒子にもなるのです。

　このように、波と粒子の形をとれる素粒子は「量子」と呼ばれます。ただ、量子となるのは素粒子だけではなく、その複合体で原子でも水素

やヘリウムのように小さくて、電子の力が相対的に強い原子までが含まれるようです。

　ただ、波の形をとるといっても、その波に実体はなく透明で、雲のように広がったエネルギーの波です。そんな波なら、お互いすぐ結合して、大きな波になるのではないかと考えられますが、それは絶対にありません。

　光の素粒子である光子の場合、1 個あたりのエネルギーは $E = h\nu$（h はプランク定数、ν は周波数）で表されます。光は電磁波と呼ばれる「力」ですが、周波数が高くなるに従いエネルギーは高くなり、赤外線、可視光線（赤→青）紫外線、X 線、ガンマ線となります。また、各量子線の強さは光子の数が増えることによって大きくなり、我々が気づくような光は無数の光子の集合体になります。

　また、量子が波から粒子に変わった場合は、質量があらわれます。つまり、波のエネルギーが質量に変わるのです。質量は、粒子の重さや動かしにくさとして現れてきます。

　このように、エネルギーは多種多様ですが、すべて量子というエネルギー単位によって形成され、それらの基本的な性質は皆共通なことが分かります。

　ですから、例えば、太陽光のエネルギーが植物の葉緑体で電気エネルギーになるように、量子間の変換は状況に応じて容易に起こり、反応性は高いのです。

　このように量子は基本的には波として存在し、その波の形は、シュレーディンガーの「波動方程式」で表されます。普通、我々の目にする波は時間に沿って動いていくのですが、量子の波は、波打つことはなく、透明な雲のような存在なのです。そして、そのどこから粒子が現れるかは予測できず、確率的にしか分からないのです。

　この波の状態は「重ね合わせ」として解釈されていますが、その状態

をイメージするのは、実に難しいことです。この量子の不可解さは波動方程式が、実数と「虚数」からなる複素数で表されるものであることからも理解できます。

　我々がいつも使っている数は実数で、プラスでもマイナスの数字でも二乗すればプラスになるものです。ところが、虚数は二乗するとマイナスになる数字なのです。

　虚数は英語では imaginary number と呼ばれるように、我々にとっては想像上のものですが、量子の世界では普通に現れてくるものです。それで、量子の世界の出来事は、科学的にも直感的にも非常にとらえがたいもので、エネルギーというのは、もともと我々の感覚や知識では理解しにくいものなのです。

　例えば、科学者が光子の波を観測しようとしても、そう思ったとたん、その波は粒子に変わってしまうのです。ですから、観測者は量子を波として観測することができません。これは「観測問題」と言われ、量子は我々の考え、心のうちを見抜く力があると考えられています。

　また、粒子になった量子の位置と運動量（質量に速度をかけたもの）とを同時に正確に測定することもできません。その位置を確定すると、運動量が変わってしまい確定できなくなります。この現象は「量子の不確定性原理」と呼ばれています。

　ただ、量子の不確定性は、実験による観察だけでなく、シュレーディンガーの虚数を含む「波動方程式」からも導かれるもので、量子そのものの性質だと言われています。

　あの相対性理論で有名なアインシュタインは、そのような不確定性に強い疑問をもち、「神はサイコロを振らない」と死ぬまで主張していました。彼は量子論の矛盾点をつこうとしましたが、結局は彼の方が間違っていることが証明されてしまいました。

　観測問題や不確定性原理のように、観測者の「やる気のエネルギー」が観測しようとする量子に作用するとしても、体から何かのエネルギーが極小の量子めがけて飛んでいくとは考えられません。それでは、体と量子の間の空間にエネルギーを伝えるようなものがあるのでしょうか。

　そこで気がつくのは、この宇宙の元になった素粒子は真空地帯からきたもので、真空地帯にはエネルギーに満ちたおびただしい量子が存在しているはずです。つまり、真空は量子に満ちており、その状態は「量子真空」と呼ばれ、我々はその中で生活しているのです。

　しかし、そうは言っても量子真空がどのように存在し、どのように反応しているかは、専門家にも良く分からないものなのです。それも無理の無い話で、虚数の世界の話ですから、実数世界に住む我々によく分かるはずはありません。

◎量子真空との交流

　では、我々の宇宙は、ビッグバンで生まれた後は量子真空のエネルギーとまったく関係することはなくなったのでしょうか。あるいは、我々は現在でも量子真空の中にいるのでしょうか。この点については、どの本を見ても、はっきり言い切ることはできないようなのです。

　我々は空気に取り囲まれてはいますが、量子真空は密度が非常に高く、空気の成分はその中にまばらに存在していると考えることができるのです。

　それに、量子真空には巨大なエネルギーが存在しますが、実数世界の我々にはそれを意識的に利用することはできませんから、その存在を証明することもできません。

　しかし、我々の住む実数宇宙にある、光子や電子のような素粒子や量

子は虚数空間のエネルギーから生まれてきたものです。ですから、エネルギー的には共通で、いまでも何らかの反応をし合っているのではないかと考えられます。

　では、この宇宙と量子真空との間にどのような情報交換があるかは我々にはとうてい理解できないものですが、何かしらそれらしい交流を感じることはないでしょうか。

　私には交流は全くないとは思えません。これは誰にも経験のあることだと思いますが、なにか「気」のようなものを感じてしまうことは無いでしょうか。ある人を初めて見たときでも、時にはにらみ返されることもありますが、なにか共通の思いがあるように感じて高揚し、また、相手も同じように意識したと感じることもあります。

　われわれのこころは大脳皮質の神経の興奮から生まれてきますが、その時は神経にそってかなりの電気、つまり電子が流れることになります。その電子の流れは磁場を生じ、その磁場エネルギーが量子化し脳の内外に放出されます。

　つまり、我々のやる気は話し相手などの体外からの情報をうけて出てくることがあるように考えられます。話の内容によっては大脳皮質のこころ回路が刺激され、頭がさえて熱くなったり、共感して心臓の高鳴りのような全身的な興奮状態になったりします。

　脳などの電磁波は脳波や心電図として観察されます。脳波のエネルギーは非常に低く、量的にも少ないものですが、量子が放射されていることは間違いありません。

　それは量子真空を通して行われると思われます。その状況を具体的に説明する事はもちろんできませんが、現実にはよく経験されることではないでしょうか。

　例えば、これはかなり良く知られていることですが、武道の師範が弟

子をかなり離れた位置から気合だけで倒すという「遠当（とおあて）」と呼ばれている技があります。弟子の方はまるで組み合った相手に投げられたように、飛び上がったあと、もんどりうって身体を地面に打ち付けてしまいます。

　しかし、このような技は誰にでもかけられるというものではないようです。ある武術家と称する人がタレントを相手に遠当の実演するというテレビ番組を観たことがありますが、気合をかけられたタレントは体がゆれたり、前のめりになったりする人はいましたが、もんどりうって倒れる人はいませんでした。

　また、気功師のような人が、タレント達に催眠術を掛けるというテレビ番組も観ましたが、多くの人には掛かるのですが全く掛からない人もいます。

　つまり、気合を受ける人にその経験や記憶がないとうまく気合を受け取ることができず、うまく掛からないのです。それは、気合を掛けられる人の脳波をみると、それに対する反応がないので確認できるということです。

　ですから、気による反応も脳内の記憶の中に、掛けられた気合の意味を理解できるものがなければ反応できないということのようです。これは、外界から受容体を介して入ってくる視覚、聴覚の情報に対する大脳の反応様式に似ているものです。

　ですから、脳の外界からの情報に対する反応には、その強さに応じて3段階あるように考えられます。

　1番目は聴覚、視覚などの受容体を通して入ってきた外部情報に反応して、こころ回路が活動する軽い反応。

　2番目は少し強い情報に対してこころ回路を介してなんらかの身体行動として反応するという普通に見られる反応。

３番目はこのこころ回路のつよい神経伝達に伴う量子の放射によって
その受け手の神経回路に量子真空を通じて量子エネルギーが情報として
伝わる反応です。

　しかし、これらの回路は独立しているわけではなく、段階的なもので、
神経系、内分泌系、血管系などの全身的な統合システムが関与し互いに
連絡し合っているのです。

　そして、次の問題は神経回路から発せられる量子エネルギーがどのよ
うに反応して、まとまった強い心、意識というより「魂」と言えるよう
な精神状態が生まれることはあるのでしょうか。

　生命は宇宙と一体のものであるという考えがありますが、それはどう
いうことなのでしょうか。

◎生命と宇宙の一体性

　生命と宇宙の一体性（一貫性）については、量子真空からの量子エネ
ルギーが電子を持って生命を駆動するように働くことで言えるのですが、
逆に、体内で機能する電子（量子）エネルギーが体外の量子宇宙に働い
て、情報の伝達というよりもっと積極的に利用するということはあるの
でしょうか。

　現実にはちょっと考えられないことですが、そう考える科学者が多く
なっているのです。ことに物理学者で哲学者としても知られるアーヴィ
ン・ラズロ博士のグループが有名で、その著書が参考文献にあげてあり
ますので、興味ある方はご参照ください。

　これまでお話ししましたように、我々の脳内で記憶を固定するとき、
最終的に大脳皮質（DMN）の神経末端から電子エネルギーが振動とし

て出されます。しかし、それでどうして具体的な記憶を形成し、保持されるのでしょうか。その機構についてはまだ全く分かっていません。ですが、その可能性を考えていくと、神経組織にも量子真空が関係しているのではないかと思われてくるのです。

　脳内にはそんな反応が行えるような空間があるのかと疑われる方もいらっしゃるかと思いますが、量子真空は極めて微細な量子が極めて高密度に存在しています。そのため神経組織が高層ビルだとすると量子真空はその中に存在する空気のような関係になりますから、脳内にとどまって十分に働けるのです。

　量子真空が神経細胞から受け取ったエネルギー振動をどのような形で具体的な記憶にして保持しているのかは、虚数を含む複素数で機能している真空のことですからその実態は我々には分かりません。しかし、可能性は十分あると考えられます。実際に、脳科学者の中には「宇宙は我々の記憶や心で満ち満ちている」という人も多いということです。

　実際に、そのように保持された記憶があると考えられる現象は学術的にもいろいろ報告されているのです。

　そのような現象の一つに、発育期の子供に見られる「生まれ変わり現象」があります。子供の中には、自分には前世があり、違った名前でいろいろな経験をしたことを実話のように話すことがあるのです。ある調査では約20％もの子供に、多少ともそのような傾向のある発言が認められたということです。

　そのような生まれ変わりの例には、生まれ代わりの対象になった子供が実際に存在していたことが分かることがあります。以前に同じ名前で同じような経験をして亡くなった子供がいたことが確認されるのです。

　しかし、生まれ変わりの子供のこれらの記憶は成長するにしたがって記憶からすっかり消え、両親を戸惑わせることになります。ですから、

その記憶は成長期の大脳皮質に一時的に宿った情報のようなのです。

　つまり、先に亡くなった子供の記憶を保持した何らかの無形の物質が宇宙に放たれ、それが一時的に成長期の子供の脳に宿ったと考えられます。そして、その無形の物質こそ脳内の量子真空の存在を示唆していると考えられるのです。

　このように、脳内の量子真空がもつ情報エネルギーが周囲の量子真空に広がる可能性があると考えると、個人の脳内の記憶が宇宙の量子真空に拡散し、その地域内の人々の脳内に働いて共通の記憶として保存されるということも考えられます。それで、同じような宗教的な考えや生活習慣が地域内に自然に広がるのが説明できると言われています。

　また、ある個人の持つ脳内量子真空が、特別な状況下でその人の脳に働く場合もあると考えられる現象もあります。

　例えば、事故や病気で死にそうになり気を失った時に自分の肉体から離れた別の自分が、寝ている自分を観察したり、懐かしい人と会ったりする経験をすることが知られ、「臨死体験」と呼ばれています。そして、同じようなことは老衰で死に際にある人にも見られ、単なる夢と間違われることもあります。

　臨死体験にもいろいろあるようですが、主なものは「幽体離脱」あるいは「体外離脱」と呼ばれています。この両者の違いについては、物理的あるいは生物学的に区別しようとする試みもあるようですが、まだ区別して用いられるほどはっきりしていません。

　これら臨死体験や幽体離脱に共通によく見られる体験には二つほどあるようで、一つは、先ず暗いトンネルのような道に入り、そこを歩いていくと急に明るいところに出て、そこで美しい光景や過去の楽しい記憶などが蘇ってくるというものです。

　もう一つは、意識を失った肉体から、意識を持った自分が離れ、部屋

の天井などから、自分の様子や関わっている医師などの行動を観察し、蘇生するとその記憶を本人が語ることができるというものです。

　実は、私の父の病気が重篤になっていつ死ぬかという時に、私に夜に見た夢の話を始めようとしたことがありました。その時、私には臨死体験などの知識は全くありませんでしたから、ただの夢の話と思い、落ち着くように言って、話を聞き出すようなことはしませんでした。

　しかし、後になって、その時の父がいつになく嬉しそうな明るい顔をして話しかけてきたことを思い出し、ちゃんと聞いてやればよかったと大いに後悔してしまいました。きっと、綺麗な風景や懐かしかった人に会ったのかと思い、その中には、私が 5 歳の時に亡くなった母もいたはずだ、などと妄想しています。

　確かにこれらの例を見ると、脳での神経機能が脳内量子真空を活性化し、いろいろな反応を起こすという可能性が考えられます。現在、これら臨死体験が医学生物学的な科学研究として注目され始めています。

　その中には、ニューヨーク市立大学病院で蘇生医療に関係しているサム・パーニア博士による心停止した患者に蘇生治療を行い、生き返った多くの例についての報告があります。

　彼の報告では、心停止後の脳波は低迷し、脳神経は正常状態の反応が停止することは確かですが、蘇生した患者さんの脳波は生前のように回復してきます。このことから、心停止後も神経自体はしばらく生きており、蘇生医療の進歩により死後最長 3 時間くらいは蘇生可能状態に保てるようになったということです。

　また、その蘇生した患者さんの約 10％に明らかな臨死体験が認められ、そうでない人でも心停止中の経験をある程度記憶しており、ある程度の意識を持っていたようだということです。

　そのため、彼は、意識は脳神経だけで行われている機能ではなく、そ

れと共同作用するような何かのメカニズムで行われ、保持されているのではないかと考えるようになったと報告しています。

　また、心停止後の脳波については、ネズミ（ラット）の動物実験で詳しく報告されています。その実験では、麻酔にかけて脳波を調べていたところ、急に心臓が止まり死んでしまった例での脳波の変化が報告されています。

　それによると、心臓停止で脳への酸素供給が停止したのに、脳波は消えなかったのです。死後の脳波は、波高は低くなったのですが、非常に周波数の高い力強さを示すものになって続いていたのです。

　つまり、死んでも脳波は止まるわけではなく、何か強いエネルギー変化をする電磁波として出ていることが示されたのです。このことから、死後も脳内では量子エネルギーの振動が続いている可能性があると考えられます。

　これだけの結果からあまり確かなことは言えませんが、臨死体験や幽体離脱での現象は、死ぬことにより実数世界の肉体を捨てて、虚数（複素数）世界の量子真空へ移動することが考えられます。

　つまり、死んでもすぐに体内のすべての機能が停止するのではなく、そのあとにも量子レベルの活動が続き、それが「あの世」に向かう前の準備現象とも考えられます。それでは、あの世は本当にあるのでしょうか。

◎死後における宇宙との一体性

　「あの世」と言ってしまうと、何かこの世からは隔離された別世界のようで、これまでお話ししてきたことが全く通用しない別世界のような気がして、私は違和感を覚えてしまいます。

　これまで書いてきたことは、我々生物が生きているのはエネルギー代謝が基本で、主として電子エネルギーの働きによって体内の各臓器の機能が行われるのではないかと考えたことから始まりました。

　そして、そのエネルギーとなる電子の出処は量子真空らしいことが分かり、脳に発生するこころ回路の神経細胞からは電子エネルギーの波動がこころの源（知識、感情、意志）にもなるらしいことが分かってきました。

　そして、その電子エネルギーの波動がどのように形成され、保存されるかには脳内の量子真空が関係していると考えられました。つまり、この地球を産んでくれた量子真空で我々が産まれ、その我々のこころの中核になる魂が形成され、死後に頭から離れて真空に預けられるようになっているとも考えられるのです。

　つまり、死んでこの世を去る時は、実数世界の肉体がその機能を停止したのですが、脳内の量子真空に形成された記憶は魂と言えるものになり、宇宙の量子真空に帰っていくことになると考えられます。つまり、魂はあの世ではなく、我々が生まれ育った地球の故郷（ふるさと）に帰っていくと考えられます。

　ただ、記録されている臨死体験した人の証言を読むと、死後の自分の姿は魂というような形のないものではなく、はっきり人の形として見ているようです。ですから、体内の量子真空の機能は何も脳だけに限ったものではなく、全身で行われているのではないかと考えられます。

　それは脳以外でもエネルギー代謝が活発に行われていることからも予想されますし、エネルギー代謝が臓器組織の機能と密着しているのは量子真空の関与があるからではないでしょうか。

　つまり、肉体の臓器組織もエネルギー代謝系と共に量子真空のエネルギーで形成されているものではないでしょうか。その巧みさはとても

DNA の突然変異や調節機能で説明することは無理であることは断言できます。

　また、臨死体験や幽体離脱の経験者の話の中で共通なのは、その世界は明るく、開放的であることです。ですから、それらの人はすべて、死ぬことに対する恐怖感はなくなっているのです。

　それは、量子真空には、この社会に溢れる銀行、役所、会社などの建物などもなく、お金や食べ物などの心配もありません。そこには明るい開放的な世界が広がっているのです。

　そして、そこにあるのは自然な自分自身、あるがままの自分自身なのです。仏教でも人は死んだあと、あるがままの自分に帰るといわれ「自然（じねん）」という言葉で呼ばれています。

第7章　地球における生物の今後

◎量子真空と東洋思想

　以上のように、我々の身体の中では、電子などの量子が生体反応の制御につよく関与していることが分かります。それによって、われわれの体内の酵素反応などで起こった量子レベルのエネルギー変化は、真空場の量子群とも影響しあってしているのではないかと考えられます。

　ですから、我々の身体の中で起こる「やる気」などの感情や代謝などの生命現象は、真空場（量子真空）の量子を介して色々な反応をひき起こしている可能性があります。

　しかし、我々は量子を物理学的に正しく理解しているとしても、波動方程式には虚数を含んでいますから、実数だけしか使わない我々の物質主義的な物理学では理解できないことが出てきます。

　このようなことから、科学者の中には量子真空には宇宙の全ての出来事が記憶されている可能性があるという人もいます。量子宇宙は虚数世界ですから、我々の科学ではとうてい解明できないところが沢山あると考えられます。

　また、我々の科学で理解できないことは、宇宙や量子レベルのことだけではありません。生命現象でも、生物の進化、記憶、感情、感覚、あるいは生命そのものも、完全には理解できないものだと、私は思います。

　ですから、生物は、エネルギー代謝系が自己産生系を支えて散逸構造

として維持していることは間違いないように思えますが、詳しいことまで理解できるとは思えません。98％以上の同じ遺伝子をもつ人とサルがどのように区別されているのかさえ分かっていないのです。

最近、DNA の遺伝子以外の部位、かっては「ジャンク DNA（無駄な DNA）」と呼ばれた類似性の低い部位に、その生物の気質、容姿、才能などをコントロールしている機能があることが分かってきました。しかし、それは人なら人、サルならサルに限った情報にすぎません。

しかし、この分野の研究は、まだ始まったばかりですから、どのように発展していくのかまだ予想できず、今後の研究成果を注視していく必要があります。

結局、我々の身体や住んでいる太陽系など宇宙の構造は量子真空の中で作られたもので、ビッグバンで生まれたあともまだその量子真空の中にあるはずです。ですから、今でもなお我々の宇宙はその複素数世界の影響力、というよりはその支配の中にあると考えられます。このように宇宙には我々の科学では理解できないことが沢山あるのです。

実はそのようなことは、すでに 3 〜 5 千年前にうまれた道教、儒教、仏教などの東洋思想の中にいわれているのです。

左の図は、道教で示される太極図と言われるもので円の中に、黒と白の二つの魚の形が書き表わされています。

円はこの世の全てのもの、つまり、宇宙を表しており、宇宙が陰陽二つの世界から成り立っていることを示しています。

「陽」は眼に見える我々の世界、「陰」は眼には見えない世界をあらわしています。ですから、陽は実数世界、陰は虚数世界（あるいは、複素

数世界）を表していると見ることができます。眼に見えているもの、理解できるものだけが宇宙の全てではないのです。

　同じような表現は、仏教の教えにもあります。例えば、般若心経の中に出てくる言葉「色即是空、空即是色」です。ここでは、「色」が眼に見える世界、「空」が眼に見えない世界を指しています。前者が実数世界、後者が虚数（複素数）世界を指していると考えられます。両者が宇宙を構成する同じ価値を持った世界であると言っているのです。

　これらの東洋思想は 3 千年以上も前に出来たものですが、そのころの人たちは自然の偉大さに対する畏敬の念が強く、世界中で同じような考えをもっていたものと思われます。その後、人類は言語を発達させ、お金を作り出して社会生活を進化させ、地球の生物界での特権階級として君臨してきました。

　そして、最近では科学を発達させて、やがて科学によって宇宙の全てが解き明かされる、という意識が広がってきました。その結果、東洋思想で言われているようなことは非科学的で現実的ではないと考えられるようになり、全くと言っていいほど相手にされていません。

　しかし、量子物理学の最先端で活躍した学者たちは、このような東洋思想を認め、傾倒するようになりました。波動方程式のシュレーディンガー、不確定性原理のハイゼンベルク、原子模型を確立したニールス・ボーアなど、著名な物理学者の多くがそうでした。中には太極図を自分のシンボルマークにした人もいます。その意味を、我々もよく考える必要があるように思います。

　結局、この世界は、陰陽の両面をもつエネルギーの場から陽の世界に生まれて、陰の世界に支えられているものです。そして、生物は、たまたま地球にできあがった微妙なエネルギーバランスの上に生まれたものです。

　今後、我々人間社会のエネルギー消費次第では、気候変動などの陽の

世界だけでなく、陰の世界の障害をまねく可能性もあります。どんな障害が現れるかは分かりませんが、すでに、我々人間を含めた生物の性格や行動などにもなんらかの影響が表れているのかもしれません。

　われわれは人間が長生きするにはどうしたらよいかに強い関心を持ち、政治から経済、文化まで最大のお金と人力をかけています。しかし、一時期待された長寿遺伝子でも、実際には寿命の制限にも関わっていて、長寿への期待はどんどん低くなってきているように見えます。
　それに、人が例え120歳まで確実に生きられる世界ができたとしても、それによって人間社会だけでなく他の生物の環境や生活をより良いものにできるか疑問です。むしろ、生物種のさらなる減少や環境の破壊がもっと速やかに進むのではないかと思われます。
　20年ほど前までは生物種の消滅はほとんど見られませんでしたが、最近は1年に4万種が絶滅するようになってきました。このことを考えると、人間の長寿を目指す努力は、地球上の環境を全般的に改善する方向には向いていないことになります。
　我々の見ている陽の世界では進化していると見えても、陰の世界では生物を絶滅させるような退化したことを引き起こしている可能性があるのです。

◎地球での生命誕生

　地球がこの宇宙に生まれたのは今から46億年前といわれています。それはビッグバンでこの宇宙が生まれてから90億年後のことになります。出来たときはもちろん火の玉状態で、高温高圧、大気中には水素、ヘリウムなどの量子だけでしたが、その後、二酸化炭素、水蒸気などが

大気中に増えてきました。

　それから数億年経つと、次第に冷え、大気中の水蒸気が降り注ぎ、地球の周りに出来た氷の小惑星なども落ちてきて海水状の水たまりが大きくなり、その中で原始生命が誕生してきたといわれています。

　この生命誕生で現在、最有力視されているのが「深海熱水活動域」での生命誕生です。深海熱水活動域というのは100度前後の海底で、高温を好む微生物である好熱性メタン菌が活動している領域で、現在でもインド洋などで見られます。

　この深海領域では海底の海洋プレートが左右に分離しながら拡大しており、その露出した活断層から、水と反応して水素が発生します。そしてさらに発生した水素が反応性の高い活断層の岩と反応して電子を発生し、それが電気エネルギーとなり、原始的な代謝が始まったと考えられています。

　つまり、海底の炭素や窒素から二酸化炭素やアミノ酸が合成され、それらから基礎的な有機物が合成されてメタン菌などの古細菌の誕生につながったと考えられています。

　このように、最初に生まれた生命は好熱性の嫌気性細菌類でした。このころの地球には酸素はなく窒素で満ちていましたから、これらの古細菌は嫌気的エネルギー代謝系で水中の有機物を分解して生きていました。機能としては分裂して増えるのがやっとでしたが、エネルギー代謝での過酸化物の発生は全くありませんでしたから、寿命がなく生きられたと言われています。

　それが32億年くらい前に、その中から光合成を盛んに行う植物性の生物が現れ、酸素を産出して大気中に増加させるようになりました。そして、20億年くらい前に、地上にミトコンドリアを持った好気的な動物性の生物が生まれてきたのです。

　その後、氷河期がきたり、小惑星が衝突したりして、生物の消滅が起

こりました。そして、大型の多細胞生物などが出現したようですが、それらも気候変動で消滅したようです。

脊椎動物（魚、両生類、鳥など）が現れたのは、その5億年前くらい後でした。それも氷河期などで大量絶滅してしまいましたが、その後、恐竜の時代を迎えることになりました。しかしそれも、大きな惑星の衝突で絶滅したのはご存知のとおりです。

その後、600万年前くらいになるといよいよ霊長類のサル、類人猿が現れ、200万年前にはヒトがサルから分離して誕生しました。

このように地球上の生命はこの宇宙が生まれてから100億年もたってから誕生し、度重なる寒冷化や温暖化で消滅を繰り返しながら継続できたのです。ここで大切なのは、5度の大量絶滅の後には必ずと言っていいほど大きな進化が行われていることです。

これから見ても、生物の誕生や進化は遺伝子の突然変異の積み重ねによるものという説はとうてい考えられないことで、やはり、何か我々の考えの及ばない力が宇宙で働いている、と考えた方がいいように思われます。

また、太陽系には多くの惑星が存在していますが生物が誕生したのは地球だけでした。その理由として一番考えられるのは、やはり地球の太陽からの位置が一番適切で、その温度が生物の誕生や生存にちょうど良い範囲に保たれてきたことでしょう。

例えば、地球より一つ太陽に近い金星では、高温が続いたために水蒸気が大気から消滅し、二酸化炭素がそのまま残りました。そのために、二酸化炭素ガスの温室効果によって500度近い高温になり、生命は生まれませんでした。

逆に、地球より一つ太陽から遠い火星では温度は低く、今でも北と南に細く見える氷河があります。その氷河は細く見えますが、その量は多

く、火星全体にまくと、高さ１メートル以上になるということです。

◎地球温暖化と生物の今後

　結局、地球の生物の誕生や生存がみられたのは、恒星である太陽からの位置がそれに適当だったということですが、このことから温度（気温）が一番重要な自然条件だということが分かります。それでは現在の地球での温度変化はどうなっているのでしょうか。

　国連の気候変動に関する協議機関である政府間パネル（IPCC）は、2018年に地球温暖化防止に関しての見解を特別報告として出しています。それまでは比較的楽観的な予測を出していたということですが、この報告で初めてかなり厳しいものになっています。

　それによると、地球の平均気温はすでに産業革命前より１度Ｃ上昇していますが、このままいくと2030年から2052年の22年間に1.5度に上昇することになるだろうと予想しています。そして、それ以上の上昇を防ぐには2050年までに二酸化炭素の排出量を実質ゼロにすることが必要だとしています。

　そして、例え1.5度の上昇に抑えられても熱帯地方を中心に世界的にこれまでとは比較にならないほどの熱波が発生、地球温暖化が人間の生活を脅かすまでに進むだろうと言っているのです。

　二酸化炭素がなぜ問題になっているかというと、よく言われているとおり、温室効果が高いガスだからです。温度はおもに赤外線、つまり光子と呼ばれる素粒子の波動によって左右されています。振動数が高いほど力は高まり、温度が高くなります。

　赤外線は太陽光線に含まれて降ってきますが、地球上にガス成分が無ければそのまま跳ね返されますが、ガスがあると一部は地球の方に跳ね

返されます。それによって地球上の温度は保たれているわけです。二酸化炭素はその赤外線を地球方向に跳ね返す力が強いのです。

　空気中の二酸化炭素の濃度は観測が始まってから少しずつは高くはなってきているのですが、30年ほど前から急激に上がるようになってきています。その速度は正確には言えませんが、何百〜何千倍というとても急激なものです。

　では、空気中の温度が上がると、どうして生命が脅かされるようになるのかというと、赤外線自体は身体の中まではほとんど入ってきませんが、体内には非常に多くの素粒子や量子が存在しますから、衝突しながら刺激し合ってどうしても体温に影響してきます。すると、体温が上がり、酵素や核酸などでできた複雑な代謝系の働きが次第に不安定になってくるのです。

　実際に、気温が高くなるほど基礎代謝でのエネルギー産生が少なくなってくるのが分かっています。基礎代謝は身体を動かさない休息状態で使われるエネルギー代謝量ですが、気温が高くなるほど減少し、呼吸や血圧などの機能が低下してくるのです。

　この気温上昇の効果は基礎代謝だけでなく、運動などで身体を動かす時にきわだってきます。体温が上がればエネルギー産生も消費も上がってますます元気になれるように考えてしまいますが、全く逆の効果が現れるのです。

　例えば、マラソン競技などが気温の高い時に行われると、人によっては苦しそうに、ふらつきながら走っている人がよく見られます。肉体的にも精神的にも十分な働きができなくなっているのです。

　それは何故かというと、エネルギー代謝を含めた全ての代謝系は、複雑なタンパク質などの緻密な反応によって可能になっているのです。それで、体温が高くなるとその構造が崩れてそれらの動きが阻害され、機能が低下してくるからです。

　さらに、ミトコンドリアの機能は体温の 37 度くらいで最高になるのですが、42 度くらいになるとほとんど停滞してしまうのです。これが好気的生物の一番の弱点で、高温に弱いのです。

　では、ミトコンドリアのどの反応が温度上昇に弱いかというと、それは TCA 回路（クレブス回路）ではなく電子伝達系であることは明らかです。電子伝達系は通常の活動の中でも超高エネルギーの活性酸素を発生することがあるほど反応性が高いのです。

　このことは、植物にも言えることで、葉緑体にも電子伝達系とほぼ同じ「明反応」が行われているからです。ですから、植物も高温に弱いはずで、温暖化した環境での森林火災の原因になっていると見ることができます。

　それに、植物は自分で移動できませんから、土地が乾燥すると水分が足りなくなり、強い光線で活性化して過熱状態の電子伝達系をうまく冷却できなくなると考えられます。

　一方、動物は自由に移動して水を補給できますし、人など高等生物では血液循環系、神経系や内分泌系などの調節を受け、温度上昇の影響はある程度は抑制されているようで、現在も研究が進められているようです。

　ですから、地球に温暖化が進めば、体温があがるためにエネルギー代謝リズムの形成も無理になり、生きてゆけません。今でも 1 年間に 4 万種の生物が絶滅していますし、人でも家からでてエアコンが効かないとろでは生きながらえることができるでしょうか。

　私はその IPCC のニュースをある民放の報道番組で観たのですが、その番組では司会者が 3 人いたのですが、異口同音にあと 30 年足らずのうちに二酸化炭素の実質排出量をゼロにすることなどは無理だと断言していました。火力発電などは止めなければなりませんから難しいことは

確かです。

　1.5度Cの上昇というと非常に小さくて、そんなに生活に影響が出るのかと思ってしまいます。しかし、温暖化といっても、寒いときには寒冷化も促進されますから、年間平均気温にするとそんなに上がらないのです。実際に、東京など比較的温暖な土地でも、昨年の冬にはかなり寒冷化し、かなりの雪が積もったことでも分かります。

　IPCCは国連で1088年に設立された世界各国の政府から推薦された気候変動の専門家や学者たちのパネル（討論集会）で、今回の報告書は総勢200名以上で作成し、2000名以上の専門家が討議して作成したものだということです。ですから、この報告書はほぼ全ての気象専門家が地球温暖化に危機感を抱いていることを示しています。

　一方、IPCCの意見を聞くべき政府は、どこも地球温暖化の防止に熱心とは言えません。現在（2019年）、アメリカではカリフォルニア州の森林火災が続いていますが、消火活動を視察したトランプ大統領に、記者団から「これは地球温暖化と関係あるのでは？」という質問が飛び出しました。彼は何も答えませんでしたが、表情は硬く、気にしていることは確かだと思いました。現在の国際情勢を見ればうっかりしたことは言えないのは分かります。

　どこの国の政府も、IPCCがこのような報告書を出してきたからには何らかの対策をしなければならないと思っているはずです。それには国際協調が必須ですが、その対策は経済力を基本とする国力を弱めることになりますから、うっかり言い出せない状況なのでしょう。

　また、IPCCの発表があった後、やはり国連の気候変動枠組条約締約国の集まりであるCOP 24（第24回締約国会議）の集会があり、先進国だけでなく後進国も含め温室効果ガス排出の削減条約が締結されたという報道がありました。ようやく各国が地球温暖化に前向きに取り組む

機運が生まれたと報道されています。

　しかし、その規模は各国が自主的に定めたもので十分なものとは言えません。仮に各国がその削減基準を達成しても、とても温暖化を抑えるような効果があるとは思えない、というのが大方の見方のようです。

　最近の人間社会を見ると、私には、どうも利己的、排他的になってきているように見えます。それも温暖化の影響かと疑りたくなります。こころと身体そして宇宙（環境）の一体性を理解し、世界中の人が協力して温暖化を阻止するように努力しないと、結局は地球上の全生物は壊滅に向かうのではないでしょうか。

　私の子供のころは、夜になると満天の星空で、天の川もいつもはっきり見えていました。輝く星の数の多さから、我々のような人間があちこちの星にいるのではないかと思わざるをえませんでした。

　天の川は地球を含む銀河系で、1000 億個の恒星が存在し、そんな銀河が 1000 億個存在すると見られています。ですから、地球のような生命が生まれる条件の惑星もあるはずです。

　地球が生まれた恒星の太陽は寿命が 100 億年と言われ、あと 45 億年の余命があると言われていますが、地球の寿命はあと 17.5 億年だろうと推測されています。ちょっと短いように思われますが、地球上に人の祖先が現れたのは 200 万年ほど前と言われています。ですからまだ生まれたばかりで、先はうんと長いはずです。

　しかし、もはや人や他の生物の生命を苦しめる環境が生まれ始めています。いかにも早い環境破壊が進んでいるのです。最も問題になるのは人間社会の国家間の経済発展の競争です。少し落ち着いて、あるがままの自分の生き方を探り、他人ばかりでなく、他の生物とも自然に交われる社会を目指すようにならないといけない時代が来ているように思われます。その必要性をじっくり考え直す必要があるのではないでしょうか。

◎地球はどこへ

　それでは最後になりましたが、この地球の最後の姿について考えてみましょう。地球の寿命は今述べましたようにあと約17.5億年と言われています。それは恒星である太陽での核融合が中心部の水素を使い果たすことによってその活動が終焉を迎えることによります。

　太陽の力が衰えてくると拡大を始め、光量が減少して温度が下がり赤く見えてくるようになり、「赤色巨星」と言われる膨張拡大した形になってきます。それはどこまで拡大するか分かっていないようですが、地球はその熱によって崩れ、巨星に飲み込まれるか、落ち込んでゆくかして消えることになります。

　恒星の週末の姿としてはブラックホールが有名ですが、それは地球より30倍以上も大きな恒星での話です。ブラックホールの寿命は長くほとんど縮小したりすることはありません。しかし、赤色巨星の場合は宇宙から消えていくことが考えられているようですが、その過程についてはほとんど言われていません。

　一つの可能性は、やはり我々生物のように、量子真空に消えていくことが一番考えられます。それではそれを示唆するような現象があるかというと、それは宇宙に散在するダークマター（暗黒物質）、ダークエネルギー（暗黒エネルギー）ではないでしょうか。

　これらには、特殊な専門機器で見ると物質やエネルギーが感知できるのですが、我々が利用できない状態のものなのです。その由来や運命についてはいろいろ言われていますが、特定の素粒子からできているということもないようで、定説は全くありません。ただ、研究者の間では、この宇宙が生まれたビッグバンに関係するものと思われているようです。

　そして最近、これらダークマターなどは量子真空ではないかという研

究者が出てきて注目されています。それはナシーム・ハラメイン博士ですが、「異端科学者」などと呼ばれながらも支持者が増えてきているのです。

　確かに、量子真空は、我々の科学力では確認できない、量子エネルギーで固められた虚数の世界だと言われていますから、それに物質やエネルギーが感知できるというのはおかしいことです。

　しかし、これらの物質やエネルギーは、この宇宙の実数世界から離れて、まだ量子レベルに至っていないものではないかと考えると理解できないでもありません。つまり、この実数世界から離れて、量子真空にあった量子化を進めている段階のものだと考えることはできないでしょうか。

　この宇宙が生まれたのが137億年前、地球が生まれたのが46億年前で、それから64億年くらい経っていることを考えると、これまでに非常に多くの恒星や惑星が宇宙から消えていったのではないかと考えられます。恒星を中心としたものであればダークエネルギー、惑星を中心としたものならダークマターになるとも考えられます。

　この考えが当たっているとは確信できませんが、そう考えると、何かこの世の風景や生命にほのぼのとしたものを感じるようになるのは私だけでしょうか。

　我々生物は、量子真空から生まれた地球で産まれ育ち死にますが、結局また地球とともに量子真空に帰ることになるのです。

参考書籍

◎自著

『生物とは何か―我々はエネルギーの流れの中で生きている』劔邦夫著（PHP パブリッシング）2009

『細胞はなぜ「がん」になるのか―理由は代謝リズムの失調』劔邦夫著（e ブックランド）2011

『がん、うつ、糖尿病、老いはエネルギー代謝の乱れから―健康に暮らすための本』劔邦夫著（e ブックランド）2016

『我々はなぜ生まれ、なぜ死んでゆくのか―がん、うつ、糖尿病、老いはエネルギー代謝の乱れから』劔邦夫著（e ブックランド）2017

『こころはなぜ生まれ　なぜ変わるのか―脳のエネルギー代謝のふしぎ』劔邦夫著（風詠社）2018

『健康に長生きするための本―がん、うつ、糖尿病、老化はエネルギー代謝の乱れから』　劔邦夫著（22 世紀アート出版）2020

◎エネルギー代謝関係

『生命を支える ATP エネルギー―メカニズムから医療への応用まで』二井將光著（講談社）2017

『散逸構造―自己秩序形成の物理学的基礎』G. ニコリス、I. プリゴジーヌ著　小畠陽之助、相沢洋二著（岩波書店）1980

『プリゴジンの考えてきたこと』北原和夫著（岩波書店）1999

『オートポイエーシス－生命システムとは何か』H.R. マトゥラーナ、FJ. ヴァレラ著　河本英夫訳（国文社）1991

『時間栄養学　時計遺伝子と食事のリズム』香川靖雄編著（女子栄養大学出版部）2009

『体内時計のふしぎ』明石　真著（光文社）2013

◎脳、こころ関係

『プロが教える脳のすべてがわかる本―脳の構造と機能、感覚のしくみから、

脳科学の最前線まで』岩田　誠監修（ナツメ社）2011

『脳疲労が消える　最高の休息法—脳科学×瞑想聞くだけマインドフルネス入門』久賀谷　亮著（ダイヤモンド社）2017

『睡眠の科学—なぜ眠るのかなぜ目覚めるのか　改訂新版』櫻井武著（講談社）2017

『つながる脳科学 —「心のしくみ」に迫る脳研究の最前線』理化学研究所脳科学総合研究センター編（講談社）2016

『食欲の科学—食べるだけでは満たされない絶妙で皮肉なしくみ』櫻井武著（講談社）2012

「特集 見えてきた記憶のメカニズム」井ノ口馨／A. J. シルバ著　別冊日経サイエンス・所載（日経サイエンス社）2017

『大脳皮質と心—認知神経心理学入門』ジョン・スターリング著、苧坂直行／苧坂満里子訳（新曜社）2005

『意識と無意識のあいだ —「ぼんやり」したとき脳で起きていること」』マイケル・コーバリス著　鍛原多惠子訳（講談社）2015

『心は何でできているのか—脳科学から心の哲学へ』山鳥重著（角川選書）2011

『無意識の構造』河合隼雄著（中公新書）1977

『「こころ」はいかにして生まれるのか—最新脳科学で解き明かす「情動」』櫻井武（ブルーバックス）2018

『記憶と情動の脳科学—「忘れにくい記憶」の作られ方』ジェームズ・L. マッガウ著　大石高生、久保田　競 監訳（講談社）2006

『心の科学—戻ってきたハープ』エリザベス・ロイド・メイヤー著　大地舜訳（講談社）2008

◎量子、宇宙関係

『生命の起源はどこまでわかったか—深海と宇宙から迫る』高井研編（岩波書店）2018

『シリーズ人体 遺伝子 健康長寿、容姿、才能まで秘密を解明！』NHK スペシャル「人体」取材班（講談社）2019

『宇宙になぜ我々が存在するのか―最新素粒子論入門』村山斉著（講談社）2013

『生命のニューサイエンス―形態形成場と行動の進化』ルパール・シェルドレイク著　幾島幸子、竹居光太郎　訳（工作舎）1986

『タオ自然学―現代物理学の先端から「東洋の世紀」がはじまる』フリッチョフ・カプラ著　吉福伸逸ほか訳（工作舎）1979

『量子の宇宙でからみあう心たち―超能力研究最前線』ディーン・ラディン著　竹内薫 監修、石川幹人　訳（徳間書店）2007

『叡知の海・宇宙―物質・生命・意識の統合理論をもとめて』アーヴィン・ラズロ著。吉田三知世訳（日本教文社）2006

『創造する真空―最先端物理学が明かす＜第五の場＞』アーヴィン・ラズロ著　野中浩一訳（日本教文社）2008.

『生ける宇宙―科学による万物の一貫性の発見』アーヴィン・ラズロ著　吉田三知世訳（日本教文社）2008

『量子のからみあう宇宙―天才物理学者を悩ませた素粒子の奔放な振る舞い』アミール・D・アクゼル著　水谷淳訳（早川書房）2004

『生命場の科学―みえざる生命の鋳型の発見』ハロルド・サクストン・バー著　神保圭志訳（日本教文社）1988

『宇宙をプログラムする宇宙―いかにして「計算する宇宙」は複雑な世界を創ったか？』セス・ロイド著　水谷淳訳（早川書房）2007

『全体性と内蔵秩序』デーヴィド・ボーム著　井上忠ほか訳（青土社）2005

『投影された宇宙―ホログラフィック・ユニヴァースへの招待』マイケル・タルボット著　川瀬勝訳（春秋社）1994

『「量子論」を楽しむ本―ミクロの世界から宇宙まで最先端物理学が図解でわかる！』佐藤勝彦監修（PHP文庫）2000

『真空のからくり―質量を生み出した空間の謎』山田克哉著（講談社）2013

『量子力学で生命の謎を解く』ジム・アル＝カリーリ、ジョンジョー・マクファデン著　水谷淳訳（SBクリエイティブ）2015

『科学は臨死体験をどこまで説明できるか』サム・パーニア著、小沢元彦訳（三交社）2006

『人はいかにして蘇るようになったのか―蘇生科学がもたらす新しい世界』サム・パーニア、ジョシュ・ヤング著　朝田仁子訳（春秋社）2015

『量子論から解き明かす「心の世界」と「あの世」―物心二元論を超える究極の科学』岸根卓郎著（PHP 研究所）2014

『新しい量子生物学―電子から見た生命のしくみ』永田親義著（講談社）1989

『超常現象―科学者たちの挑戦』梅原勇樹、苅田章著（NHK 出版）2014

『皮膚は考える』傳田光洋著（岩波書店）2005

『できたての地球―生命誕生の条件』廣瀬敬著（岩波書店）2015

『子供の「脳」は肌にある』山口創著（光文社新書）2004

『「気」とは何か―人体が発するエネルギー』湯浅泰雄著（NHK ブックス）1991

『気候の暴走』横山裕道著（花伝社）2016

著者略歴

劔　邦夫（つるぎ・くにお）

昭和16年（1941年）新潟で生まれる。

昭和41年、新潟大学医学部卒業。1年間の臨床実地訓練を受ける。

昭和42年4月、新潟大学大学院博士課程入学。生化学を専攻。

昭和46年3月、新潟大学大学院博士課程終了。医学博士。

昭和46年4月、新潟大学医学部助手。生化学教室勤務。

昭和48年から2年間。米国シカゴ大学でポストドクタル・フェローとして生化学研究に従事。

昭和53年5月、新潟大学医学部助手助教授。

昭和59年4月、山梨医科大学医学部教授。生化学第二教室を主宰。学部学生の生化学講義を担当するとともに、十数人の大学院生の研究指導を行った。

平成19年3月定年退職。現在、山梨大学名誉教授（医学部・生化学）。

エネルギー代謝から見える生命と宇宙の一体性
―我々は量子エネルギーの流れの中で生きている―

2020年3月16日　第1刷発行

著　者　劔　邦夫
発行人　大杉　剛
発行所　株式会社風詠社
　　　　〒553-0001　大阪市福島区海老江5-2-2
　　　　　　　　　　大拓ビル5‐7階
　　　　TEL 06（6136）8657　http://fueisha.com/
発売元　株式会社 星雲社
　　　　　　　　（共同出版社・流通責任出版社）
　　　　〒112-0005　東京都文京区水道1-3-30
　　　　TEL 03（3868）3275
装幀　2DAY
印刷・製本　シナノ印刷株式会社
©Kunio Tsurugi 2020, Printed in Japan.
ISBN978-4-434-26969-1 C3045